Ralf Menssen

Das CD-ROM-Buch

Herausgegeben von
Wolfgang Dahmen und Christian Mentzel,
Lasec GmbH Berlin

Mit 41 Abbildungen

Springer-Verlag Berlin Heidelberg GmbH

Ralf Menssen

Herausgeber:
Wolfgang Dahmen
Christian Mentzel
Lasec Datenbank Technologien GmbH
Fasanenstraße 47
1000 Berlin 15

ISBN 978-3-540-51690-3   ISBN 978-3-642-93444-5 (eBook)
DOI 10.1007/ 978-3-642-93444-5

Additional material to this book can be downloaded from http://extras.springer.com

CIP-Titelaufnahme der Deutschen Bibliothek
Menssen, Ralf:
Das CD-ROM-Buch / Ralf Menssen.
Hrsg. von Wolfgang Dahmen u. Christian Mentzel. –
Berlin ; Heidelberg ; NewYork ; London ; Paris ; Tokyo ; Hong Kong : Springer, 1990

Die Wiedergabe von Gebrauchsnamen, Handelsnamen, Warenbezeichnungen usw. in diesem Werk berechtigt auch ohne besondere Kennzeichnung nicht zu der Annahme, daß solche Namen im Sinne der Warenzeichen- und Markenschutz-Gesetzgebung als frei zu betrachten wären und daher von jedermann benutzt werden dürften.

Sollte in diesem Werk direkt oder indirekt auf Gesetze, Vorschriften oder Richtlinien (z.B. DIN, VDI, VDE) Bezug genommen oder aus ihnen zitiert worden sein, so kann der Verlag keine Gewähr für Richtigkeit, Vollständigkeit oder Aktualität übernehmen. Es empfiehlt sich, gegebenenfalls für die eigenen Arbeiten die vollständigen Vorschriften oder Richtlinien in der jeweils gültigen Fassung hinzuzuziehen.

2068/3020-543210 – Gedruckt auf säurefreiem Papier

Vorwort der Herausgeber

Das von der Menschheit angesammelte Wissen hat unvorstellbare Ausmaße angenommen. Und die Informationsflut verdoppelt sich weiterhin in immer kürzeren Abständen. Kein einzelner Mensch ist heute noch fähig, auch nur über sein Fachgebiet vollständige Kenntnis zu haben.

Unsere Welt verändert sich in immer schneller: Jede Entdeckung, jedes Ereignis bietet Chancen und Gefahren. Gefahren, wenn Auswirkungen auf ökologische Netzwerke nicht erkannt werden, Gefahren, wenn sich politische Machtstrukturen schlagartig ändern und neue Wege des sozialen Miteinanders nicht rechtzeitig gefunden werden.

In all diesen Entwicklungen liegen aber auch Chancen. Je mehr wir lernen, das bereits vorhandene Wissen zu nutzen und neue Erkenntnisse schnell zu verbreiten, desto größer sind die Möglichkeiten, unsere Lebensqualität zu erhöhen.

Die traditionellen Printmedien sind mit dieser Aufgabe überfordert. Bücher und Zeitschriften können das Wissen der heutigen Zeit weder in ausreichender Quantität transportieren, noch sind sie in der Lage, den erforderlichen selektiven Zugriff, die gezielte Auswahl aus der Informationsflut zu ermöglichen.

Die Printmedien müssen ergänzt werden durch Medien, die dem Informationszeitalter angemessen sind, Medien, die es möglich machen, den steigenden Bedarf an Quantität und Qualtität zu decken.

Die CD-ROM ist derzeit das einzige Medium, das in Verbindung mit schnellen Retrievalsystemen dieser Aufgabe gewachsen ist. Sehr große Informationsmengen auf kleinstem Raum, sekundenschneller selektiver Zugriff und niedrige Kosten kennzeichnen diesen Datenträger. Mit bewegten Bildern, Sprache und Musik eröffnet die CD-ROM eine neue Welt der plastischen Wissensvermittlung, die weit über das hinausreicht, was Bücher und Zeitschriften leisten können.

Die LASEC ist die erste Unternehmung in Deuschland, die sich auf die Entwicklung der Möglichkeiten der CD-ROM spezialisierte; sie wurde gegründet, als die Technologie der Öffentlichkeit erstmalig vorgestellt wurde. In dem Ihnen vorliegenden Buch ist ein Großteil der Erfahrungen zusammengefaßt, die wir seit 1985 über CD-ROM und verwandte Technologien gewonnen haben.

Ralf Menssens Buch kommt aus der täglichen Arbeit. Es spiegelt das tiefe technologische Detailwissen wider, das heute in die Produktion einer CD-ROM einfließt. Ausführlich werden die technischen Grundlagen besprochen und Erfahrungen mit verschiedenen Softwaresystemen mitgeteilt. Ein Rundblick über die gegenwärtige Marktsituation rundet das Werk ab.

Wir danken Herrn Menssen und allen Mitarbeitern und Freunden für die unzähligen Stunden, die in die Erstellung dieses Buches eingeflossen sind, und dem Springer-Verlag für seine tatkräftige Unterstützung.

Berlin, im Frühjahr 1990

               Wolfgang Dahmen   Christian Mentzel

Danksagung

An diesem Buch habe ich alles selbst gemacht !

Ich habe mir die ganze Technologie selbst angeeignet, alle technischen Details auswendig gelernt, Marktuntersuchungen angestellt, -zig Programme getestet, Korrekturlesen ist bei mir sowieso nicht notwendig, das Ganze war ein Kinderspiel, schließlich bin ich Superman.

So oder so ähnlich stellt man sich einen erfolgreichen Autor vor. Die Wirklichkeit sieht dann schon ein wenig anders aus, ein Kinderspiel ist das Ganze nämlich mit Sicherheit nicht, und da ich nicht Superman bin, habe ich auch nicht alles selbst gemacht - im Gegenteil. Ohne die Hilfe von Kollegen und Freunden wäre dieses Buch nicht entstanden. Da wäre z.B. Christian Mentzel, der 1985 die faszinierenden Möglichkeiten dieser Technologie erkannte und die Firma Lasec gründete. Gäbe es diese Firma nicht, hätte ich wahrscheinlich heute noch nicht viel mit CD-ROMs zu tun. Da ist Wolfgang Dahmen, der als Nichttechniker alle Kapitel korrekturgelesen hat und viel zum leichten Verständnis des Buches beigetragen hat. Gabi Hauser-Allgaier, noch recht neu in diesem Bereich, hat die Marktdaten zusammengetragen. Guido Körber und Carsten Neuman, ihnen verdanke ich die Erkentnisse darüber, wie diese ganzen Speichermedien auf den unteren Ebenen eigentlich funktionieren. Jörg Ruminski und Harald Rose, die Männer an der Front, deren Erfahrungen mit Programmen in diesem Buch viel zum Kapitel 'Autorensysteme' und zur Gestaltung beigesteuert haben. Viele Demos sind von den beiden. Robert Marquardt, er beherrscht die Details der CD-ROM und machte es mir schwer, Fehler ins Buch zu bringen. Nicht unerwähnt lassen kann ich auch meine Familie, der ich dieses Buch widmen möchte, und meinen Freundeskreis. Sie haben für die Motivation gesorgt. Ein Name, ein Autor, aber die Arbeit von vielen Menschen. Danke.

Ralf Menssen

Inhaltsverzeichnis

1 Einführung

ABS (Anti-Blockier-System), eine wichtige, lebenserhaltende technische Neuerung bei Autos, oder FAX - ausgeschrieben Facsimile - der Nachfolger des Telex - Begriffe, die mittlerweile jeder kennt.

Compact Disk, CD-ROM, WORM, Erasables, CD-I, DV-I sind Begriffe, die noch nicht jedem geläufig sind, unser Leben in naher Zukunft jedoch mit prägen werden. Nach der Industriegesellschaft erleben wir gerade den Wandel zur Dienstleistungsgesellschaft. Eines unserer wichtigsten Güter: Information. Bücher, Zeitungen, Telefon, Fernsehen, Datenbanken: der Informationsfluß wird immer größer, die Abhängigkeit von einer einzigen Informationsquelle immer geringer. Wir wissen innerhalb von Sekunden, was auf der anderen Seite des Globus passiert; aus drei, vier unabhängigen Quellen können wir uns ein eigenes Bild machen.

Was treibt die Menschen dazu, jeden Tag Zeitungen und Bücher zu lesen, Nachrichten zu sehen und über Dinge zu diskutieren? Es ist der Wunsch, verstehen zu wollen, was warum auf der Welt oder auch nur nebenan passiert. Diese Neugier, oder anders ausgedrückt, dieser Forschungsdrang, ist der Grund für Fortschritt und geistige Freiheit. Neue Medien werden die Möglichkeiten, diesen Drang zu befriedigen, weiter verbessern, ja, dem Einzelnen Möglichkeiten in die Hand geben, die vor zehn Jahren nur, wenn überhaupt, Konzernen und Behörden zur Verfügung standen. Die Technologie, die das verspricht, sind die optischen Speichermedien.

Mit diesem Buch soll versucht werden, etwas Licht in diesen Bereich zu bringen und so einige oft zu hörende Mißverständnisse auszuräumen.

Auch soll der Leser anschließend die Chancen dieser bereits existierenden als auch der zukünftigen Medien erkennen und einschätzen können, "wohin der Zug fährt". Um auch weltweit mitreden zu können, werden bei Fachbegriffen die international geläufigen in Klammern hinzugefügt.

Am Anfang war das Grammophon, das erste Gerät, das menschliche Sprache wiedergeben konnte. Die Wiedergabequalität war schlecht, die Geräte nur für einige wenige erschwinglich. Es folgten Qualitätsverbesserungen und neue Wege: das Tonband, der Kassettenrekorder, bis hin zur CD - der Compact Disc - die in vehementem Tempo Einzug in viele Haushalte gefunden hat. Wird diese CD etwas anders eingesetzt, entspricht sie der CD-ROM, der sich dieses Buch widmet.

Eigentlich aber hätte ich beginnen müssen mit: Am Anfang war Johannes Gutenberg, der Erfinder des Buchdrucks. Er machte es möglich, daß Bücher nicht das Privileg ganz weniger Menschen blieben, und deshalb heute jedem Menschen eine ungeheure Menge an Wissen zur Verfügung steht. Wissen ist Macht, diese recht alte Weisheit stimmt heute mehr denn je.

Mit der CD-ROM treten wir in eine neue Ära, die es dem Einzelnen erlaubt, die ungeheure Menge an Wissen auch nutzen zu können. Er wird mehr wissen und deshalb mehr Macht haben.

Das Zauberwort heißt Digitaltechnik. Bei der Audio-CD wird Musik nicht mehr wie bei der Schallplatte analog aufgezeichnet, sondern in die beiden Grundelemente der Digitaltechnik, 0 und 1, zerlegt. Auf einer CD stehen über 5 Milliarden dieser Nullen und Einsen, womit eine Spieldauer von maximal 74 Minuten erreicht wird.

Der rein digitale Computer kann diese Daten jedoch beliebig interpretieren: als Musik, Text, Bilder oder Sprache. Für ihn hat die dann CD-ROM genannte Variante eine Speicherkapazität von ca. 550 Megabyte. Ein Byte entspricht etwa einem Buchstaben, das heißt auf eine CD-ROM passen 550 Millionen Buchstaben, das sind ca. 270000 Schreibmaschinenseiten, 1000 Bücher oder 15000 Bilder. Diese immensen Kapazitäten auf einer kleinen und preiswerten Plastikscheibe eröffnen ganz neue Dimensionen. So könnte man zum Beispiel alle Bände eines Lexikons in der Handtasche tragen oder alle deutschen Gesetzestexte auf einer Fläche von zwölf mal zwölf Zentimetern und einer Höhe von einem Zentimeter lagern. Benötigt wird dann noch ein Computer, ein spezielles CD-ROM-Laufwerk, in dem die silbernen Scheiben abgespielt werden, und ein Programm, das dieses Laufwerk steuern kann. Diese vier Bestandteile müssen zueinander passen, können also nicht beliebig kombiniert werden. Standards erlauben es aber schon heute, daß ein und dieselbe CD-ROM auf den verschiedensten Computern benutzt werden kann.

Der eigentliche Vorteil, den eine CD-ROM zum Beispiel im Gegensatz zu Büchern und den Mikrofilmen (Mikrofiches) bietet, ist der intelligente Zugriff auf die Daten: der Computer übernimmt das Suchen. Zwei bereits realisierte Beispiele machen das sichtbar: Die Universitätsbibliothek Bielefeld hat die Karteikarten zu ihren Büchern, und das sind immerhin rund 1,2 Millionen, auf eine CD-ROM bringen lassen. Neben diesen Daten wurde ein Index erstellt, quasi ein Inhaltsverzeichnis. Ein Suchprogramm, Retrieval genannt, nimmt nun über die Tastatur Fragen eines Benutzers an. Dieser kann jetzt verschiedene Suchkriterien, wie Autor, Titel, Themengebiet, Erscheinungsjahr, usw. eingeben und erhält binnen Sekunden die entsprechende Antwort. Er druckt sich die Liste der gefundenen Bücher aus und hat sich im Vergleich zu früher oft stundenlange Recherchen erspart.

So gewonnene Zeit kann in manchen Bereichen über Leben und Tod entscheiden. Hier hilft die "Gefahrgut CD-ROM", die entscheidenden Minuten schneller zu sein. Sie enthält die Datenbanken "Hommel" mit einer ausführlichen Beschreibung von 1500 Stoffen, "CHEMDATA", Schutzmaßnahmen für 18000 Stoffe und "Einsatzakten" für Chemieereignisse des Schweizerischen Feuerwehrverbandes, sowie vier weitere themenbezogene Datenbanken. Bei Verkehrsunfällen mit Chemietransportern z.B. kann eine so ausgerüstete Feuerwehr in Sekunden alle Eigenschaften eines Stoffes erfahren, die geeigneten Maßnahmen einleiten und so Schlimmeres verhindern.

Der Zugriff auf diese Datenbanken erfolgt über das bereits erwähnte Retrievalprogramm. Für die Kommunikation mit dem Anwender besitzt es eine sogenannte Oberfläche (Mensch-Maschine-Schnittstelle). Diese besteht meist aus einer Reihe von Feldern, in die verschiedene Suchkriterien eingegeben werden können. Als Suchergebnis werden dann die entsprechenden Dokumente in Schrift und Graphik präsentiert.

Diese Datenbanken können mit relativ wenig Einweisung benutzt werden. Ziel der Weiterentwicklungen sind natürlich noch einfacher bzw. intuitiver zu bedienende Programme. Dabei wird der Computer als "Fahrrad für den Geist" verstanden.

Für die fernere Zukunft stehen uns noch einige Neuerungen bevor. In einigen Jahren werden die Computer direkt unsere Sprache verstehen, uns Antworten direkt erzählen, mit künstlicher Intelligenz lernen, was uns interessiert und genau das heraussuchen, was wir wissen wollen. Diese Vision hat auch schon verschiedene Namen, "Knowledge Navigator" (Wissensnavigator) ist wohl der treffendste. Mit ihm soll der Mensch auf elektronische Entdeckungsreise gehen können, riesige Archive an Wissen sollen ihm zur Verfügung stehen, Trickfilme, Dokumentarfilme, Bilder, Text - ein "interaktiver Fernseher", bei dem der "Zuschauer" entscheidet, was er sehen will, wie tief die Informationen gehen sollen. Und er kann nachfragen, wenn er etwas nicht verstanden hat oder mehr Hintergrund-informationen haben will.

Eine phantastische Vision, und, auch wenn es bis dahin noch ein weiter Weg ist, Grund genug, daran zu arbeiten.

Konventionen

Die Compact Disc (eigentlich Compact Disc Digital Audio, CD-DA) wird nachfolgend als Audio-CD bezeichnet. Wenn von der 'CD' die Sprache ist, ist sowohl die Audio-CD, CD-ROM als auch die CD-I gemeint. Um dem Leser die Möglichkeit zu geben, Einschätzungen über Kosten von CD-ROM-Anwendungen zu machen, werden Preise angegeben. Alle Preise sind ungefähre DM-Angaben ohne Gewähr, Stand Dezember 1989. Compact Disc wird mit "c" am Ende geschrieben, Floppy Disk mit "k". "Disc" wird verwendet, wenn die Anwender die Scheibe nicht selbst beschreiben; ansonsten benutzt man "Disk".

Speicherkapazitäten werden bei Computern in Byte angegeben. Ein Byte kann 256 mögliche Werte annehmen. Mit einem Byte kann man etwa einen Buchstaben speichern. Im Computerbereich wird binär gerechnet. Ein Kilobyte sind nicht 1000 Bytes, sondern 2^8 gleich 1024 Bytes, geschrieben 1 KByte. Entsprechend:

1 KByte (Kilobyte) = 1024 Bytes
1 MByte (Megabyte) = 1024 KBytes = 1048576 Bytes
1 GByte (Gigabyte) = 1024 MBytes
1 TByte (Terabyte) = 1024 GBytes

2 Speichermedien

2.1 Die Verwendung von Speichermedien

Computer benötigen zwei Arten von Speichern. Im sogenannten ROM (Read Only Memory) steht die Grundsoftware, das sind die Programmteile, die sofort nach dem Einschalten ausgeführt werden. Dieser Speichertyp wird beim Hersteller programmiert und kann vom Anwender nicht gelöscht oder verändert werden. Außerdem benötigt man frei veränderbaren Speicher, sogenanntes RAM (Random Access Memory). Dieser Speichertyp kann beliebig oft beschrieben und verändert werden, er wird daher allgemein als Arbeitsspeicher bezeichnet. Beim Ausschalten geht der Speicherinhalt allerdings verloren. Neben Mischformen dieser Speichertypen, z.B. dem EPROM (Erasable Programable Read Only Memory), die wir hier nicht behandeln wollen, gibt es eine dritte Speicherart: Massenspeicher. Auch bei diesen gibt es "nur lesbare", "frei beschreibbare" und eine Menge von Spielarten dazwischen. Sie sind erheblich langsamer als RAM und ROM und werden anders eingesetzt.

2.1.1 Filesystem

Die Speicherung auf Massenspeichern muß in einer definierten Art und Weise geschehen. Sie folgt gewissen Strukturen, die als Ganzes "Filesystem" genannt werden. Innerhalb eines Filesystems werden Daten als Dateien (files) abgelegt. Eine logisch abgeschlossene Einheit ist eine Datei, ein Brief beispielsweise, oder ein Programm. Ein Filesystem verwaltet die Dateien. Als erstes werden die auf dem Massenspeicher vorhandenen Speicherplätze in gleich große Blöcke von im allgemeinen

512, 1024 oder 2048 Bytes zusammengefaßt. Eine Datei besteht aus einer Gruppe von aufeinanderfolgenden Blöcken (extent). Nun müssen die Dateien noch benannt werden. Man faßt die Namen der Dateien in Ordnern (folder, directories), auch Verzeichnisse genannt, zusammen. Ein Ordner enthält eine Liste von Dateibeschreibungen, wie Name, Blocknummer des Dateibeginns, Länge der Datei, Datum der Erstellung usw. Ein Ordner ist natürlich nichts anderes als eine spezielle Datei. Daraus folgt logisch, daß ein Ordner auch die Namen von Unterordnern (subdirectories) enthalten darf. Es formt sich also eine Hierarchie von Ordnern und Unterordnern - der Filebaum (siehe Bild 3.11). Baum, weil er sich von Stufe zu Stufe weiter verzweigt. Die Wurzel eines solches Baumes wird von einem einzelnen Ordner (root directory) gebildet. Um eine Datei eindeutig zu benennen, muß man ausgehend von der Wurzel die Namen der Ordner und Unterordner bis zum Dateinamen angeben. Dies ist ein Pfadname.

2.1.2 Einsatzbereiche der Massenspeicher

Betrachten wir jetzt einmal die verschiedenen Funktionen, für die Massenspeicher eingesetzt werden.

• **Speicherung von individuellen Daten.** Das sind Briefe, die Daten der Finanzbuchhaltung, einfach alles, was mit dem Computer erzeugt wird.

• **Datentransport.** Daten müssen gelegentlich von einem Computer zu anderen transportiert werden. Dabei müssen die Daten auf ein transportables Medium gespielt werden, es sei denn, die Computer sind miteinander verbunden.

• **Virtueller Speicher.** Da Massenspeicher im Vergleich zum RAM viel preiswerter sind, werden sie auch oft als "RAM-Erweiterung" genutzt. Gerade nicht benötigte Daten werden dabei auf Massenspeicher ausgelagert (swapping) und bei Bedarf wieder ins RAM geladen. Virtuell heißt hier, daß der Rechner so tut, als wäre der preiswerte Massenspeicher teurer RAM-Speicher.

• **Archivierung.** Dokumente, wie z.B. Korrespondenz oder Verträge, müssen langfristig verfügbar sein. Neben dem Papierweg, also dem Anlegen von Aktenschränken, gibt es die elektronische Alternative, die eine erhebliche kürzere Zugriffszeit ermöglicht.

• **Programmsammlungen.** Um mehrere Programme sofort zur Verfügung zu haben, sammelt man sie z.B. auf Festplatten (harddisks).

• **Sicherungskopien (Backup).** Nobody is perfect, auch der Computer nicht. Massenspeicher können ausfallen, die Daten können verloren gehen. Aus diesem Grund werden Sicherungskopien von wichtigen Daten angefertigt, die im Idealfall an einem anderen Ort (wegen der Brandgefahr) aufbewahrt werden.

• **Datenbanken.** Sie sind ein wichtiges Hilfsmittel für die Informationsbeschaffung. Normalerweise gibt es Informationsanbieter, die Ihre Datenbanken für die verschiedensten Bereiche, z.B. Wirtschaft oder Medizin, aufbauen und pflegen. Der interessierte Kunde kann dann gegen Geld via Datenfernübertragung Informationen aus der Datenbank abrufen. Datenbanken haben meist einen sehr großen Umfang an Einzeldaten, so daß sie nicht auf Floppies oder ähnliches passen. CD-ROMs sind das zur Zeit einzig geeignete Medium, um große Datenbanken kostengünstig zu vertreiben.

2.2 Grundlagen

Bei den Massenspeichern gibt es die unterschiedlichsten Verfahren, jedes hat andere Charakteristika, so daß viele davon nebeneinander existieren. Eines haben alle gebräuchlichen Medien gemeinsam, im Grunde sind es alle runde Scheiben. Sie sind aus Kunststoffen, Metall oder Glas und fast immer speziell beschichtet. Auf ihnen befinden sich, ähnlich wie auf der Schallplatte, viele Spuren, die sogenannten Tracks. Auf diesen Spuren befinden sich die einzelnen Bits. Einige tausend Bits werden dann zu einem Sektor (sector) zusammengefaßt. So ein Sektor ist der kleinste zugreifbare Block, das heißt es wird immer ein ganzer Sektor gelesen oder geschrieben. Ein oder mehrere dieser Sektoren bilden einen logischen Block, das ist kleinste Einheit, die das Betriebssystem verwalten kann. Im Normalfall liegen die Blockgrößen zwischen 256 und 2048 Byte.
Man beurteilt die verschiedenen Speichermedien nach folgenden Kriterien:

- **Einordnung** in eine der drei Kategorien "beschreibbar/lesbar", "einmal beschreibbar" und "nur lesbar",

- **Physische Aspekte** wie Portabilität, Gewicht, Stoßsicherheit, Arbeits-
  temperatur, Platzbedarf, Stromverbrauch, Permanenz, Lebensdauer,
- **Speicherkapazität**, d.h. wieviele Bytes können gespeichert werden,
- **Zugriffszeit**, wie lange dauert es im Durchschnitt, um mit der Leseeinheit
  einen bestimmten Block anzusteuern,
- **Datentransferrate**, wieviele Bytes können pro Sekunde zum Computer
  übertragen werden,
- **Zuverlässigkeit**, wie oft treten Fehler auf (MTBF: Mean Time Between
  Failures),
- **Lebensdauer**, wieviele Jahre garantieren die Hersteller für ein Medium,
- **Kosten**, Preis/Byte.

2.3 Die verschiedenen Verfahren

a) Das ganz alte: Lochkarten (1880, Hermann Hollerith)
Bei dieser heute fast nur noch im Museum zu bestaunenden Technik
werden in kleine Pappkarten Löcher gestanzt, die jeweils ein Bit
repräsentierten. Jede Karte hat eine Speicherkapazität von ca. 80 Byte und
die Handhabung ist äußerst umständlich. Auch die Schreib-/
Lesegeschwindigkeit ist für heutige Verhältnisse extrem langsam. Eine
Spielart der Lochkarten sind die von Telexgeräten und NC-Maschinen
bekannten Lochstreifen, die vor allem früher auch in der EDV eingesetzt
wurden. Beide Arten sind vom Aussterben bedroht.

b) Das meistverbreitete: magnetisch
Dieses Verfahren, auf dem auch das Tonbandgerät basiert, bildet die
Grundlage für die meisten Massenspeichermedien :
Bandlaufwerke, Disketten (Floppies), Festplatten, Wechselplatten, Magnet-
karten, Magnettrommeln. Man unterscheidet dabei zwei Grundprinzipien:

- **rotating**, mechanisch bewegte Medien unter einem Abtastsystem,
- **solid state**, mechanisch unbewegte Medien.

Die meisten magnetischen Medien funktionieren nach dem Rotating-
Prinzip. Nach dem Solid-State-Prinzip wird vor allem der Magnet-
kernspeicher gebaut. Diese Technik ist zwar veraltet, es ist jedoch zu

erwarten, daß er in den nächsten Jahren sein Comeback als nicht-flüchtiger Ferromagnetspeicher feiern wird.

Prinzipiell werden Daten durch Wechsel der Magnetflußrichtung aufgezeichnet. Darüber liegen dann Organisationsformen wie FM, MFM oder RLL. Heutzutage werden die Flußrichtungswechsel horizontal, d.h. nacheinander, gespeichert. Seit Neuestem sind 8 Zoll Festplatten mit vertikaler Aufzeichnung lieferbar. Hierbei wird das Magnetmaterial senkrecht zur Plattenoberfläche magnetisiert. Gegenüber der herkömmlichen horizontalen Aufzeichnung werden dadurch die Bitzellen wesentlich kleiner, so daß mehr Daten auf einer Spur Platz finden. Die neuen 8 Zoll Platten bieten Speicherkapazitäten bis zu 2,3 GByte, was etwa das Doppelte der bisher gebräuchlichen Geräte ist. Es wird damit gerechnet, die Speicherdichte langfristig um den Faktor Zehn erhöhen zu können.

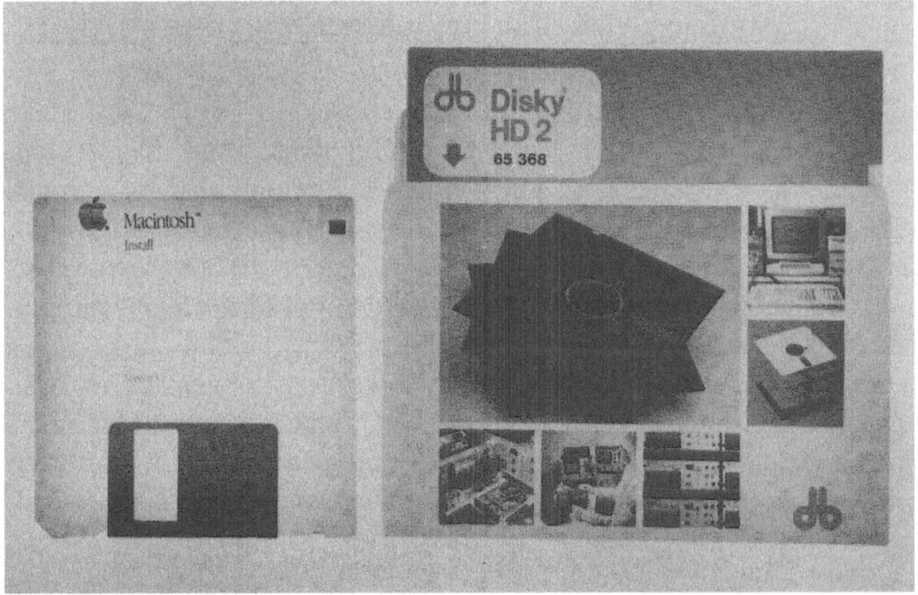

Bild 2.1. 3,5 Zoll und 5,25 Zoll Disketten

c) Optisch-analog

Alle optischen Verfahren arbeiten mit einem Laser als Lichtquelle. Das optisch-analoge Speicherverfahren wurde schon in den siebziger Jahren von Philips unter dem Begriff "Laservision" für den Video-Bereich eingeführt. Damals wurden Spielfilme auf den sogenannten Bildplatten angeboten. Dieser Vorstoß schlug fehl, da Bildplatten nur lesbar sind und sich der Videorekorder als Konkurrent durchsetzte. Mittlerweile wurde das rein analoge Laservision durch CDV, einem analog/digitalen Hybrid-System, abgelöst. Die CDV bietet neben analogem Bild auch digitalen Ton oder CD-ROM-Funktionalität.

d) Optisch-digital

Die am weitesten verbreitete Spielart der optisch-digitalen Speicher ist die Audio-CD, die konstruktionsgleich mit der CD-ROM ist. Neben den nur lesbaren CDs gibt es noch einmal schreibbare Medien, die WORM (Write Once Read Many) oder DRAW (Direct Read After Write). Bei WORM und DRAW werden die Informationen durch erhöhte Laserleistung als nicht reversible Veränderung im Material gespeichert. Ein noch im Laborstadium befindliches Verfahren verwendet zwei Laserstrahlen unterschiedlicher Energie und Wellenlänge zum Schreiben und Lesen. Dieses rein optische Prinzip ermöglicht wiederbeschreibbare Speichermedien mit bisher unerreichter Speicherdichte.

e) Thermo-magnetisch-optisch

Das Verfahren basiert auf dem Kerr-Effekt: bestimmte magnetische Materialien polarisieren das Licht bei der Reflexion abhängig von der Magnetisierungsrichtung. Man kann also mit einem Laser geringer Leistung die Magnetisierungsrichtung einer Stelle des Materials lesen. Geschrieben wird mit einem anderen Effekt: Wird das Material über eine bestimmte Temperatur erhitzt (Curie-Temperatur), so reicht bereits ein geringes Magnetfeld, um die Magnetisierungsrichtung umzudrehen. Dabei wird nur der kleine, erhitzte Fleck auf der Disk beeinflußt. Die nötige Hitze wird mit dem gleichen Laser bei verstärkter Leistung erzeugt. Also thermisch wird gelöscht, magnetisch gespeichert und optisch gelesen.

f) Andere

Der einzige nicht völlig exotische Massenspeichertyp, der außer den vorgenannten noch existiert, ist der Magnet-Blasen-Speicher (Magnet

Bubble Memory, MBM). Der aus einem Eisengranit-Substrat, zwei Dauermagneten und mehreren Steuerspulen aufgebaute MBM hält seine Daten in Form von entsprechend polarisierten Magnetdomänen. Die Magnetdomänen oder Blasen können durch Steuerung des Magnetfelds entlang von metallischen Strukturen auf der Oberfläche des Substrates wandern und werden so in mehreren Speicherkreisen gehalten.

Spezielle Vorteile des MBMs sind die Nichtflüchtigkeit und die hohe Widerstandsfähigkeit gegen Störungen, weshalb dieser Speichertyp auch vornehmlich im militärischen Bereich und in der Schwerindustrie eingesetzt wird.

Bild 2.2. Verschiedene Bandtypen

Bild 2.3. WORM-Cartridges

2.4 Die Charakteristika der einzelnen Speichermedien

Die Preise der Speichermedien sind sehr instabil und fallen beinahe wöchentlich. Trotzdem werden Preise angegeben, die als Anhaltspunkte zu verstehen sind.

a) Disketten

Die Diskette (Floppy-Disk) ist ein relativ altes Speichermedium. Sie besteht aus einer flexiblen, magnetischen Kunststoffscheibe und einer Schutzhülle. Das in den frühen 70er Jahren entwickelte ursprüngliche Modell hatte einen Durchmesser von 8 Zoll (20,32 Zentimeter) und wird bei Neuinstallationen heute nicht mehr eingesetzt. Der Durchmesser wurde zuerst auf 5,25 Zoll zur sogenannten Minifloppy reduziert, was den Marktdurchbruch der Diskette auslöste. Später konnte der Durchmesser

Bild 2.4. CD-ROMs

auf 3,5 Zoll verkleinert werden. Selbst 2 Zoll Ausführungen wurden schon realisiert. Die 3,5 Zoll Ausführung wurde auch mit einer festen Plastikhülle versehen, damit sie robuster und weniger empfindlich ist. Momentan ist die 3,5 Zoll Diskette dabei, die Marktführung zu übernehmen. Trotz der Miniaturisierungen konnten die Speicherkapazitäten gesteigert werden. Typischerweise werden heute auf einer 3,5 Zoll Diskette ca. 800 KByte oder ca. 1,4 MByte gespeichert, die obere Grenze liegt derzeit bei über 4 MByte, ohne daß besonders aufwendige Verfahren verwendet werden müßten. Laufwerke, die 20 oder sogar 40 MByte auf einer 3,5 Zoll Diskette speichern, stehen kurz vor der Markteinführung. Das Hauptproblem solcher Laufwerke ist, daß die Magnetspuren für diese Speicherkapazitäten sehr schmal sind und dadurch der Kopf sehr genau auf der Spur gehalten werden muß, was durch die ungenaue Zentrierung der Diskette im Laufwerk erschwert wird. Um diese feine Positionierung zu erreichen, sind auf der Oberfläche der Diskette magnetische oder optische Markierungen aufgebracht, nach denen der Kopf geführt wird.

Auf Grund des geringen Preises, der kleinen Abmessungen und einer leidlich guten Austauschbarkeit zwischen verschiedenen Computer-Systemen ist die Diskette sehr gut geeignet zur Verteilung und zum Transport von Daten. Die geringe Speicherkapazität setzt dem jedoch Grenzen, Datenmengen über 5-10 MByte werden meist anders verbreitet, z.B. durch Bänder und zunehmend durch CD-ROMs und Erasables.

Preis fürs Laufwerk: 100 ... 2000 DM
Preis je Diskette: 0,50 ... 20 DM
Preis je MByte: 2 ... 5 DM (ohne Laufwerk)

b) Festplatte

Für die stationäre Speicherung größerer Datenmengen, auf die schnell zugegriffen werden muß, ist die Festplatte seit Jahrzehnten das weitverbreitetste Speichermedium. Bereits früh in der Geschichte des Computers entstanden, ist die Festplatte heute zu großer Perfektion weiterentwickelt worden. Von 20 MByte bis 2 GByte Speichervermögen, von 60 bis 9 ms mittlerer Zugriffszeit und von 10 MBit/s bis 20 MByte/s Übertragungsrate ist heute praktisch jede Kapazität und Geschwindigkeit verfügbar. Den größten Anteil der Festplatten machen 3,5 Zoll und 5,25 Zoll Platten aus. Für große Kapazitäten werden 8 oder 12 Zoll Platten eingesetzt. Daneben existieren auch Zwischengrößen, größere Platten-durchmesser werden praktisch nicht mehr verwendet. Für transportable Rechner stehen seit neuestem Platten mit Durchmessern von 2 Zoll zur Verfügung.

Allen Festplatten ist gemeinsam, daß die Schreib-/Leseköpfe, getragen durch den Luftstrom an der Oberfläche der sich mit 3000 bis 5000 U/min drehenden Platte, über der Magnetfläche in einem konstanten Abstand von wenigen Mikrometern fliegen.

Preis fürs Laufwerk: 300 ... 30000 DM
Preis je MByte: 15 ... 30 DM

c) Wechselplatte

Von der Wechselplatte gibt es zwei sich wesentlich unterscheidende Spielarten. Die Wechselplatte, bei der nur die Platten entnommen werden und Wechselplatten, bei denen Platten und Schreib-/Leseköpfe eine hermetisch dichte Einheit bilden und zusammen entnommen werden.

Wechselplatten mit integrierten Platten-/Kopfeinheiten verlieren zunehmend an Bedeutung. Der Grund für diese Konstruktion liegt darin, daß ein Eindringen von Staub in den Plattenstapel verhindert werden soll. Durch technische Fortschritte in den letzten Jahren ist das Staubproblem weitgehend eliminiert worden, so daß der preisgünstigeren Konstruktion der Vorzug gegeben werden kann. Das bisher fortschrittlichste Konzept dieser Art ist die Bernoulli-Platte, bei der nicht der Kopf über der Platte, sondern das flexible, auf die Platte gespannte Magnetmaterial über dem Kopf fliegt.

Hauptsächlich werden Wechselplatten für die Archivierung oder den Transport mittlerer Datenmengen verwendet, wenn die Daten mit der hohen Geschwindigkeit einer Festplatte zugreifbar sein sollen. Die Kapazitäten reichen von ca. 10 bis 40 MByte für 5,25 Zoll Platten und bis zu mehreren GByte für Plattenstapel im Großrechnerbereich.

Preis fürs Laufwerk: 2000 ... 200000 DM
Preis je Platte: 70 ... 5000 DM

d) Bandlaufwerke
Bandlaufwerke werden schon seit vielen Jahren in der Computertechnik eingesetzt. Es gibt Bänder in den verschiedensten Formaten (siehe Bild 2.2), Zoll- und Halbzollbänder, Viertelzollbänder, Kompaktkassetten, U-Matic, DAT, usw.

Bänder werden nicht nur in der Computertechnik eingesetzt, auch im HiFi-Bereich, im Film-, Fernseh- und Videobereich. Dieses breite Spektrum von Anwendungen hat dazu geführt, daß die Bänder, scherzhaft auch "Schnürsenkel genannt", immer weiter perfektioniert wurden und als zuverlässiges Speichermedium gelten. Da die Daten auf einem Band sequentiell gespeichert sind, muß das Band bis zu der Stelle vorgespult werden, an der die Information steht. Dies führt zu sehr großen Zugriffszeiten, bis hin zu mehreren Minuten. Als primäres Speichermedium, das heißt für virtuellen Speicher oder als Programmspeicher sind Bänder den anderen Speichermedien um Längen unterlegen. Als Backup-Medium und zum Transport größerer Datenmengen jedoch sind sie geradezu ideal. Das Medium ist relativ preiswert und unproblematisch zu transportieren.

Preis je Laufwerk: 1000 ... DM
Preis je Band: 30 ... DM
Preis je MByte: ~ 1 DM

e) WORM (Write Once Read Many)

Die optische WORM, auch DRAW (Direct Read After Write) genannt, ist
ein Medium für die Archivierung. Einmal geschriebene Daten können
nicht mehr gelöscht werden, nur der Hammer kann die Daten wieder
vernichten. Die Glas- bzw. Plastikscheiben im Durchmesser von 5,25 bis
12 Zoll besitzen Speicherkapazitäten von 600 MByte bis 6,4 GByte. Sie
befinden sich in einem Hartplastikgehäuse und nennen sich Cartridges. In
Jukeboxen, vergleichbar mit Musikboxen, kann man mehrere TByte
Speicherkapazität konzentrieren. Die Zugriffszeiten liegen mit
durchschnittlich 100 ms etwas höher als bei Festplatten, die Datentransferrate mit rund 200 KByte/s deutlich unter denen der Festplatten. Die
Datensicherheit und die kleinen Abmessungen, verbunden mit dem
computergestützten Zugriff lassen die WORMs als ideales Archi-
vierungsmedium erscheinen. Wegen fehlender Erfahrung mit dem
Alterungsprozeß dieses Mediums und wegen fehlender Standards beim
Aufzeichnungsverfahren halten sich die potentiellen Nutzer dieser
Archivierungsform aber noch stark zurück.

Preis fürs Laufwerk: 5000 ... 50000 DM
Preis je Cartridge: 300 ... 2000 DM
Preis je MByte: 0,30 ... 0,80 DM (ohne Laufwerk)

f) CD-ROM

Die CD-ROM ist einfach die Verwendung der aus dem Musikbereich
bekannten Compact Disc für Computerdaten. Die Abspielgeräte
entsprechen ebenfalls weitgehend den CD-Playern, es ist lediglich etwas
mehr Elektronik für den Anschluß an den Computer notwendig. Da die
CD-ROM Gegenstand des nächsten Kapitels ist, soll an dieser Stelle nicht
weiter auf dieses Medium eingegangen werden.

Preis fürs Laufwerk: 1000 ... 3000 DM
Presskosten je CD: ~ 20 DM (Auflage 1000 Stück)
Preis je MByte: ~ 0,03 DM (ohne Laufwerk)

g) Bildplatte

Die Bildplatte ist ein weitgehend analoges Medium, bei dem der Hauptteil der Informationen, die Bilder, analog, die Steuerinformationen aber digital abgespeichert werden. Wie die CD-ROM kann sie vom Anwender nur gelesen, nicht aber beschrieben werden. Die Bildplatte hat mit 12 Zoll (ca. 30 cm) Durchmesser die Größe einer Langspielplatte und die Daten sind in einer Spirale angeordnet. Auf jeder Seite können 60 Minuten Video gespeichert werden. Diese Nutzung entspricht der eines Videoplayers. Auf einer Seite der Bildplatte können aber auch 108.000 Dias oder Graphiken gespeichert werden. Da aufgrund ihrer Nutzung als Videoplayer eine der Anforderungen an die Bildplatte die Kompatibilität zu bestehenden Fernsehnormen ist, wird ihr Aufzeichnungsformat von ihnen bestimmt. Die drei zur Zeit existierenden Formate sind:

- NTSC
- PAL
- SECAM

NTSC bezeichnet den nordamerikanischen Standard. Bei ihm werden 30 Bilder pro Sekunde mit einer Auflösung von 525 Zeilen übertragen.
Der PAL- oder SECAM-Standard wird in den meisten anderen Ländern verwendet. Bei beiden Systemen werden pro Sekunde 25 Bilder zu je 625 Zeilen übertragen.

Bildplatten werden passend zu einem Fernsehstandard hergestellt und können nur mit dem entsprechenden Laufwerk abgespielt werden.
Analog zu einem Buch, das aus Seiten und Kapitel besteht, besitzt jedes Bild der Bildplatte eine Adresse oder Bildnummer. Bildsequenzen haben eine Kapitelnummer. Dies ermöglicht die Ansteuerung eines bestimmten Bildes oder einer bestimmten Sequenz. Abspielgeräte, die die auch auf der Bildplatte vorhanden Stop-Codes lesen können, ermöglichen ein automatisches Anhalten an dieser Stelle. Auf diese Art und Weise können dann Bilder auf einem angeschlossenen Fernseher gezeigt werden. Gesteuert wird der Bildplattenspieler von einem angeschlossenen Computer. Die Bilder werden nicht zum Computer übertragen wie bei den anderen Speichermedien, sondern direkt auf dem Fernseher angezeigt. Eine direkte Weiterverarbeitung ist damit nicht möglich.
Die Zugriffszeit auf ein Bild liegt zwischen 1,5 und 3 s. Die meisten

Bildplatten werden im CAV (Constant Angular Velocity)-Modus aufgenommen, bei dem sich auf jeder Spiralumdrehung die gleiche Anzahl von Sektoren befindet. Dadurch ist es möglich, immer die gleiche Rotationsgeschwindigkeit beizubehalten. Vor- und Nachteil liegen auf der Hand: durch die konstante Geschwindigkeit ist die Zugriffszeit klein, aber die Ausnutzung des Speicherplatzes schlecht. Pro Seite können in diesem Modus bis zu 54.000 Bilder gespeichert werden.

Im anderen Modus, dem CLV (Constant Linear Velocity), können doppelt soviele Bilder aufgezeichnet werden, da die Platte sich dabei aber über den äußeren Sektoren langsamer dreht als über den inneren, verlangsamt sich die Zugriffszeit. Solche Platten sind nicht geeignet für Standbilder.

Die zugehörigen Abspielgeräte sind recht groß und schwer, die Zuverlässigkeit recht hoch. Folgerichtig werden sie im Computerbereich ausschließlich als Bildarchiv verwendet. Eine Anwendungsmöglichkeit ist zum Beispiel ein Kunstarchiv. In einer Datenbank sind alle Bilder mit zusätzlichen Information, wie Künstler, Entstehungsjahr, Kunstrichtung und Adresse des Bildes auf der Bildplatte enthalten. Wenn ein Anwender das Bild sehen möchte, steuert der Computer das Abspielgerät an und gibt ihm den Befehl, das entsprechende Bild anzuzeigen.

h) Erasable Optical Disk

Dieses Medium ist so neu, daß sich bisher nicht mal ein einheitlicher Name ergeben hat. Die einen sagen "Erasables", andere "wiederbeschreibbare CD", wieder andere benennen sie nach ihrer Technik "Magneto-opticals" - kurz "MO". Was sich letztendlich durchsetzt, ist momentan nicht absehbar. Die verschiedenen Begriffe zeigen jedoch schon die wichtigsten Eigenschaften. Eine Erasable ist eine Plastikscheibe, eingepackt in ein Hartplastikgehäuse. Diese Cartridge genannte Scheibe ist beliebig oft beschreibbar, wechselbar, transportabel und stoßsicher. Ihre Kapazität liegt z. Zt. bei 400 MByte pro Seite und die Zugriffszeit entspricht etwa der langsamer Festplatten. Leider kocht bei dieser Technik wieder jeder Hersteller sein eigenes Süppchen, so daß die einzelnen Geräte und Cartridges nicht beliebig zwischen Betriebssystemen ausgetauscht werden können. Im Gegensatz zur CD-ROM, bei der die Technik aus dem Konsumgüterbereich Musik kam, ist es bei den Erasables genau andersherum. Die Technik ist für den Musikmarkt noch zu teuer, im

Computerbereich jedoch schon konkurrenzfähig. Das Interesse der HiFi-Enthusiasten und die damit verbundene spätere Massenproduktion läßt aber für die Zukunft einen sehr großen Preisverfall, vor allem für die Cartridges, erwarten. Durch ihre kleinen Abmaße und die hohe Kapazität bei relativ geringem Preis bedeuten die Erasables wahrscheinlich das Ende für die Wechselplatten.

Preis fürs Laufwerk:	~ 11000 DM
Preis je Cartridge:	~ 900 DM
Preis je MByte:	1 ... 2 DM

i) Floptical

Die Floptical ist der Exot unter den Speichermedien. Sie verwendet eine Kombination des optischen und des magnetischen Verfahrens. Die Floptical-Disks besitzen vorformatierte Spurinformationen, die optisch abgetastet werden. Die eigentlichen Daten werden aber wieder magnetisch geschrieben. Mit durchschnittlich 65 ms ist die Zugriffszeit deutlich besser als die von Floppies. Mit einer Speicherkapazität von 20 MByte könnte dieses Medium die Lücke zwischen Disketten auf der einen Seite und Erasables und CD-ROMs auf der anderen schließen, zumal das Laufwerk auch herkömmliche Disketten lesen und schreiben kann. Die Floptical wurde im Sommer 1989 in den Markt eingeführt.

Preis des Laufwerks:	~ 1400 DM
Preis der Disk:	~ 40 DM
Preis je MByte:	~ 2 DM

3 Die Technik der CD-ROM

Die Audio-CD und darauf aufbauend die CD-ROM sind durch "Standards" von Philips und Sony definiert. Es handelt sich zwar zur Zeit dabei noch nicht um einen echten, gültigen Standard, dieser wird dem aber praktisch entsprechen. Es hat sich eingebürgert, die Publikationen, in denen diese

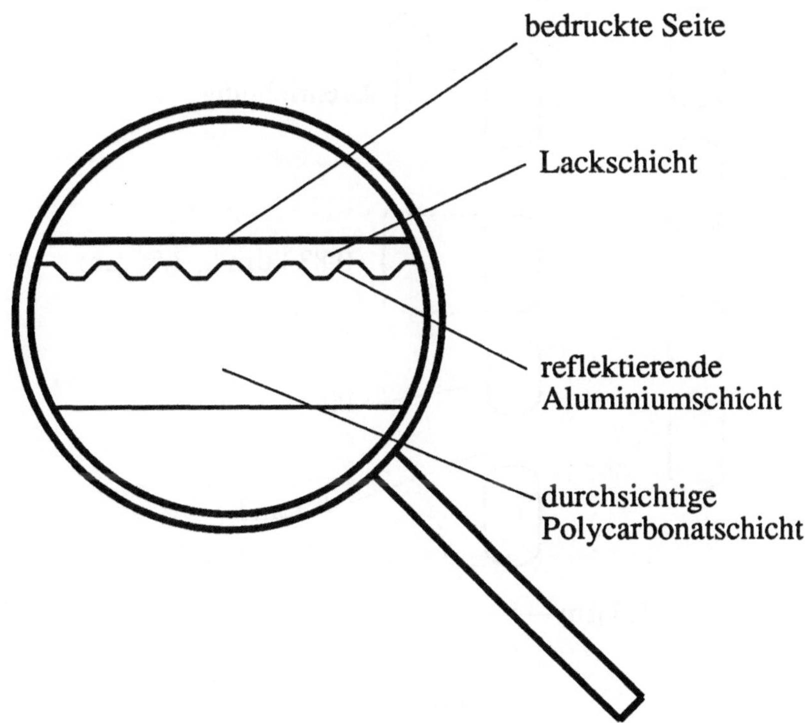

Bild 3.1. CD im Querschnitt

Definitionen festgehalten sind, nach den Farben ihrer Umschläge zu benennen. Im Bereich der Compact Disc existieren drei Bücher:

- **Das "Red book"** (Rotes Buch), 1982. Es definiert die Audio-CD und die wenig verbreiteten CD-Graphics (auch CD-Video genannt). Letztere werden für Musikvideos verwendet.

- **Das "Yellow book"** (Gelbes Buch), 1985. In ihm sind alle für CD-ROMs zusätzlichen Definitionen enthalten. Es baut auf dem roten Buch auf.

- **Das "Green book"** (Grünes Buch), 1986. Basierend auf den beiden anderen Büchern wird hier CD-I, Compact Disc-Interactive, definiert.

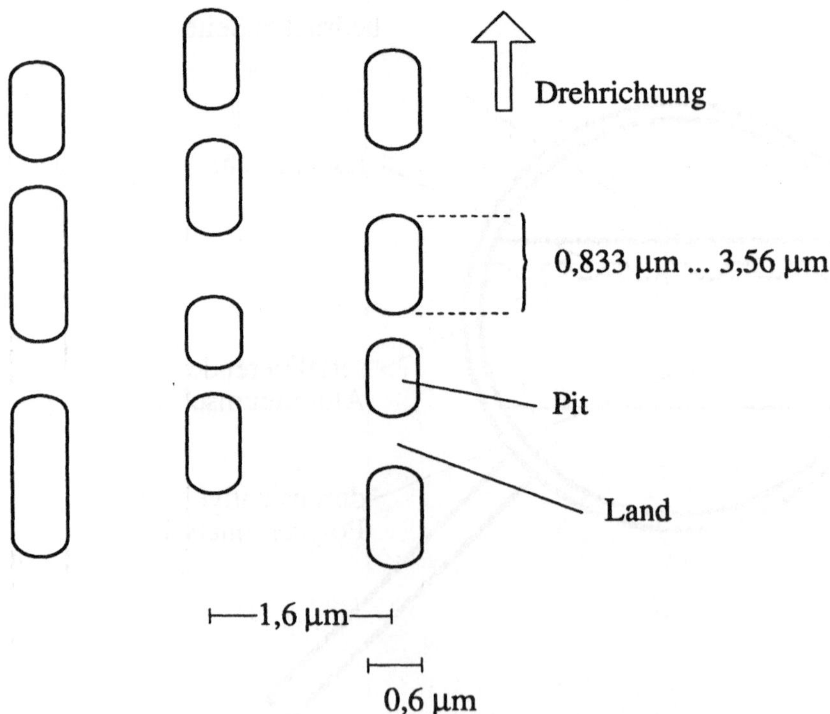

Bild 3.2. Die Oberfäche einer CD unter dem Mikroskop

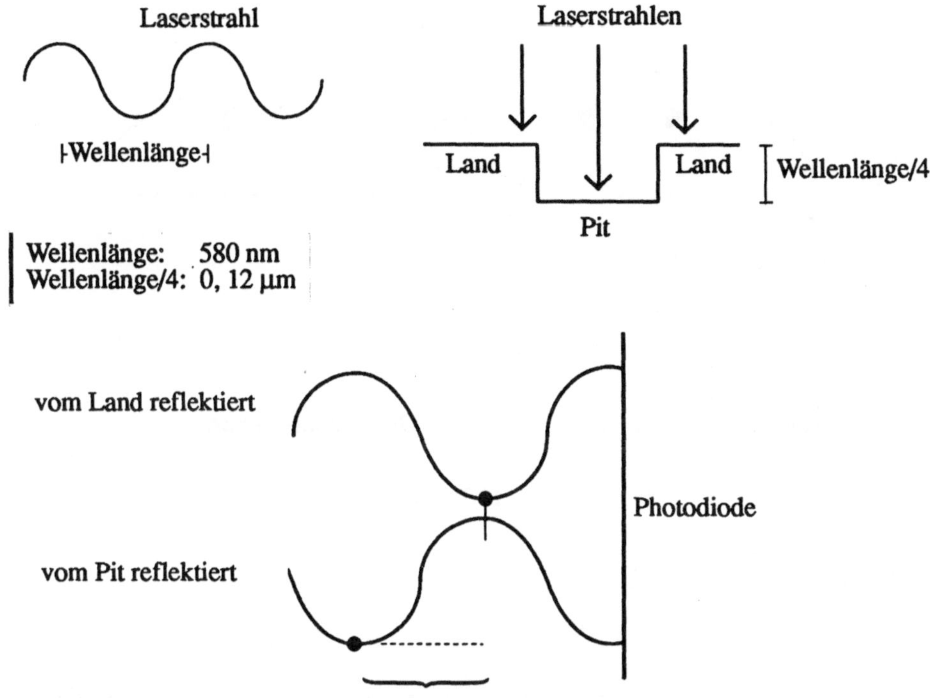

Bild 3.3. Auslöschung des Laserstrahls durch Phasenverschiebung

3.1 Die CD

Die CD hat einen Durchmesser von 12 cm und eine Dicke von 1,2 mm (Es gibt auch noch eine Single-CD mit einem Durchmesser von 8 cm). Sie besteht aus einer durchsichtigen Polycarbonatscheibe, die einseitig von einer hauchdünnen Aluminiumschicht bedeckt ist. Diese wird durch Aufdruck und Schutzlack vor Umwelteinflüssen geschützt (Bild 3.1). In der Mitte befindet sich ein 15 mm breites Loch. Die obere Seite wird für die Beschriftung genutzt, die Daten werden von unten gelesen.

Betrachtet man die Oberfläche einer CD unter dem Mikroskop, erkennt man Einzelheiten wie in Bild 3.2 gezeigt.

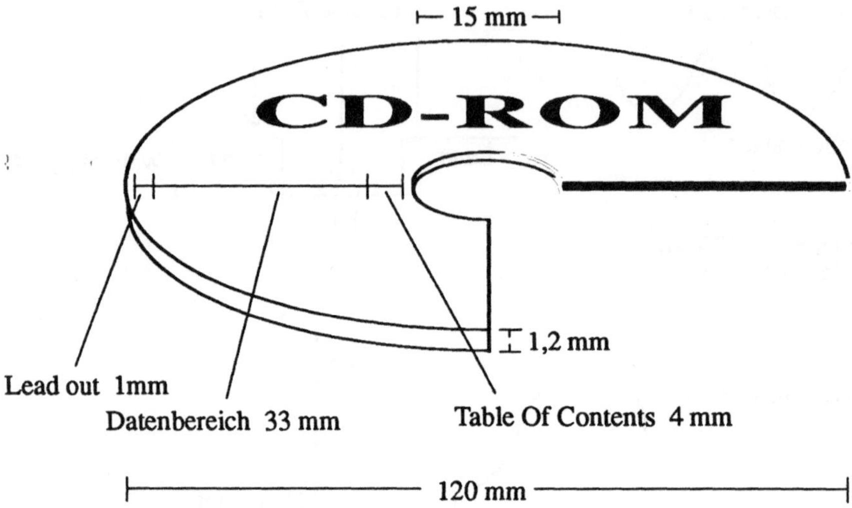

Bild 3.4. Die Maße der CD

In der Grundfläche der CD befinden sich Vertiefungen (Pits). Die Flächen dazwischen werden als Lands bezeichnet. Ein auf die CD gerichteter Laserstrahl wird von den Lands reflektiert, von den Pits auch, jedoch mit unterschiedlicher Laufzeit. Der Laufzeitunterschied beträgt genau eine halbe Wellenlänge; deshalb löscht sich durch Interferenz das von den Pits reflektierte mit dem von Lands reflektierten Licht aus (Bild 3.3).

Die binären Informationen ergeben sich aus den Übergängen zwischen Lands und Pits in Kombination mit ihrer Länge. Die CD besteht aus einer sehr langen Folge von Lands und Pits, die wie bei einer Langspielplatte in einer einzigen, langen Spirale angeordnet sind. Die Spur führt aber im Gegensatz zur LP von innen nach außen. Zum Abtasten der Informationen wird also ein Laser benötigt, daher auch der Begriff 'Optischer Speicher'. Das vom Laser ausgestrahlte und von der CD reflektierte Licht wird von einer Photodiode empfangen und in elektrische Signale umgewandelt.

Zur Verdeutlichung wie klein die Abstände sind: Auf einem Inch (2,54 cm) befinden sich 16000 Spuren nebeneinander! Auf einer Floppy Disk befinden sich zum Vergleich lediglich ca. 96 Spuren je Inch (Tracks Per Inch, TPI).

Die kleinste Informationseinheit ist ein Channel-Bit. 14 dieser Channel-Bits repäsentieren 8 Bit echte Information, also 1 Byte. Ein Übergang zwischen Land und Pit stellt eine "1" dar, die Pits und Lands selber ergeben zwischen drei und elf "0" (Bild 3.6).

Zwischen den 14-Paketen werden jeweils drei Merge-Bits eingefügt. Diese haben die Funktion, die Regel sicherzustellen, daß ein Pit oder Land zwischen 3 und 11 Channel-Bits lang sein muß. Ohne die Merge-Bits würde diese Regel an den Grenzen zwischen zwei 14-Paketen häufig verletzt.

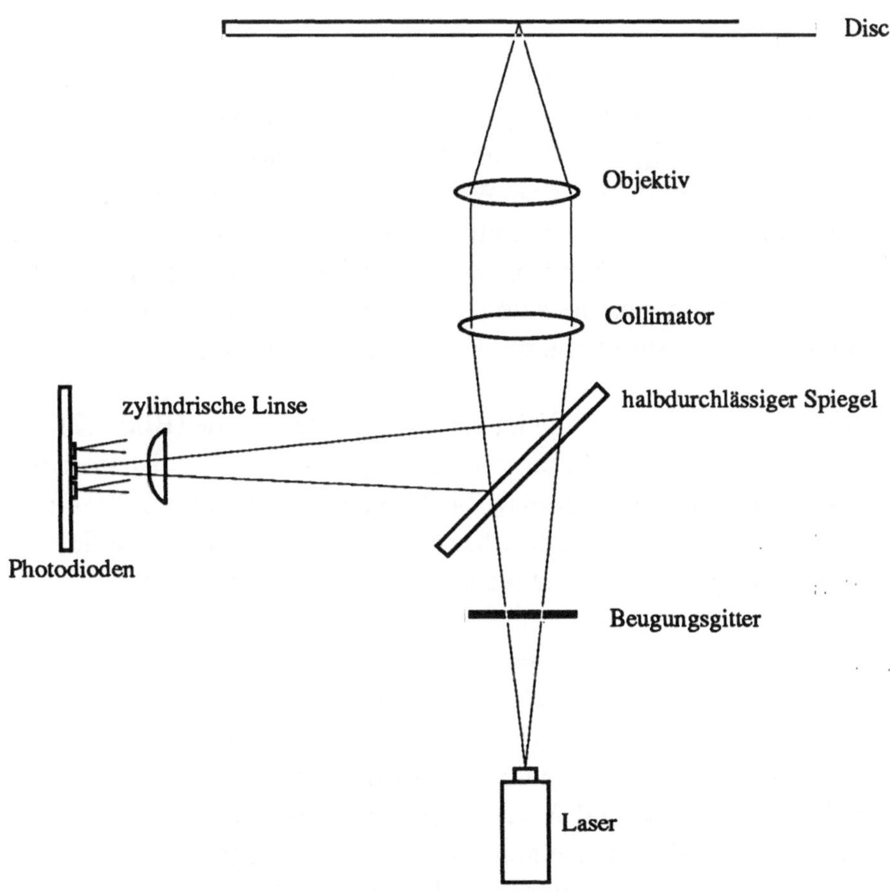

Bild 3.5. Das optisches Abtastsystem (3-Strahl-System)

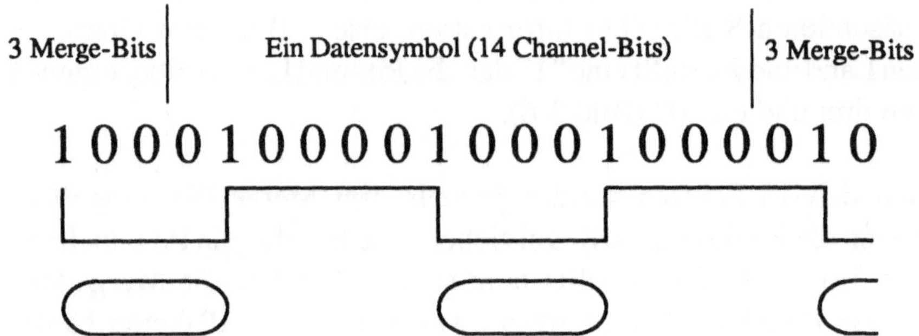

Bild 3.6. Kodierung von Pits und Lands zu Channel-Bits

Die Umwandlung von den Informationsbits zu den Channel-Bits geschieht über die 8-zu-14 Modulation (Eight to Fourteen Modulation, EFM). Diese Umwandlung erfolgt über eine Tabelle (lookup table), die alle Kombinationen und deren Byte-Wert enthält. Aus den 14 Channel-Bits ergeben sich 267 verschiedene, gültige Variationen, wovon 256 für die Darstellung eines Bytes benötigt werden und zwei weitere für Kontroll- und Anzeigeinformationen. Alle anderen Kombinationen sind ungültig wodurch sich die erste Ebene der Fehlererkennung ergibt.

Die Basiseinheit auf einer CD ist ein sogenannter Frame (Bild 3.7), eine Übersetzung des Begriffs Frame (Rahmen) ins Deutsche ist in diesem Kontext nicht sinnvoll. Er enthält 24 Byte Nutzdaten und wird inklusive Kontrollinformationen aus 588 Channel-Bits gebildet. Für eine Sekunde Abspieldauer einer Audio-CD werden 7530 Frames benötigt.

Für alle die es ganz genau wissen möchten, sollen hier auch die Subcode-Channels erläutert werden. Die 14 nach dem Sync-Signal folgenden Channel-Bits, die im Bild 3.7 als Control-Byte gekennzeichnet sind, repräsentieren acht "Unterkanäle", die Subcode-Channels. Sie werden als P-, Q-, R-, S-, T-, U-, V- und W-Channels bezeichnet (Bild 3.8). Interessant an ihnen ist ihr Aufbau. Die einen Channel bildenden Bits folgen nämlich nicht sequentiell hintereinander, sondern sind auf 98 Frames verteilt. In jedem Frame existiert für jeden Kanal ein Bit, woraus sich ergibt, daß ein Subcode Channel 98 Bits lang ist. Die beiden ersten Bits in jedem Channel

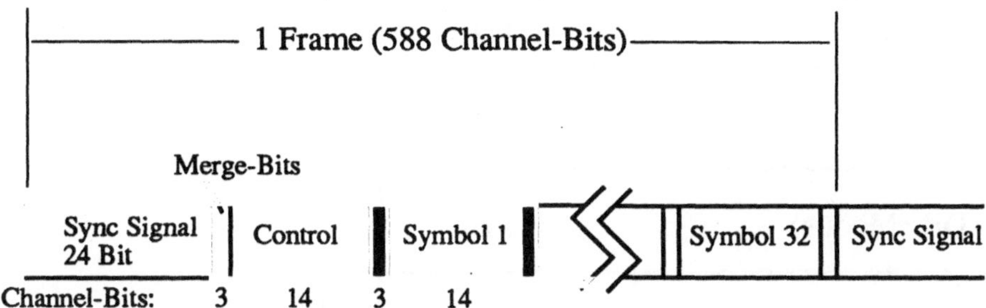

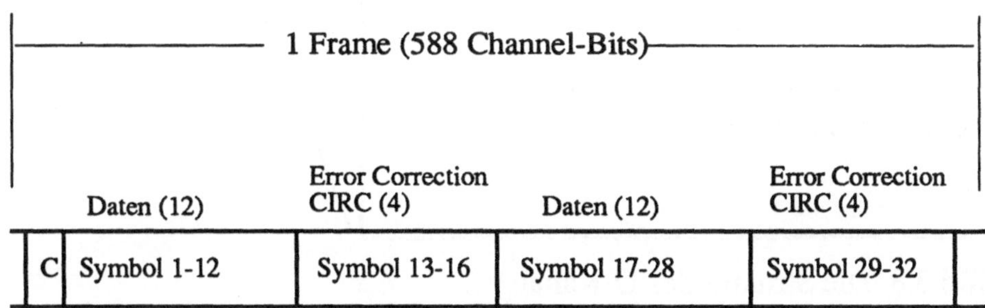

Bild 3.7. Aufbau eines Frames

dienen der Synchronisation, der Rest kann für Daten verwendet werden. Für die Audio-CD und die CD-ROM wurden lediglich zwei Kanäle definiert.

- Der P-Kanal dient zur Trennung von Musik-Tracks.
- Der Q-Kanal beinhaltet die Tracknummern, Spielzeit, Restzeit und andere Informationen.

Da die Oberfläche einer CD leicht verkratzt oder verschmutzt wird, ist ein aufwendiges Verfahren zur Fehlererkennung und -beseitigung notwendig. Philips und Sony stellten in der Definitionsphase folgende Anforderungen an dieses Verfahren:

• wenig Redundanz, d.h. es sollte möglichst wenig überflüssige Information vorhanden sein,
• einfache Dekodierungsstrategie,
• für CDs typische Fehler, wie lange Kratzer, müssen korrigierbar sein.

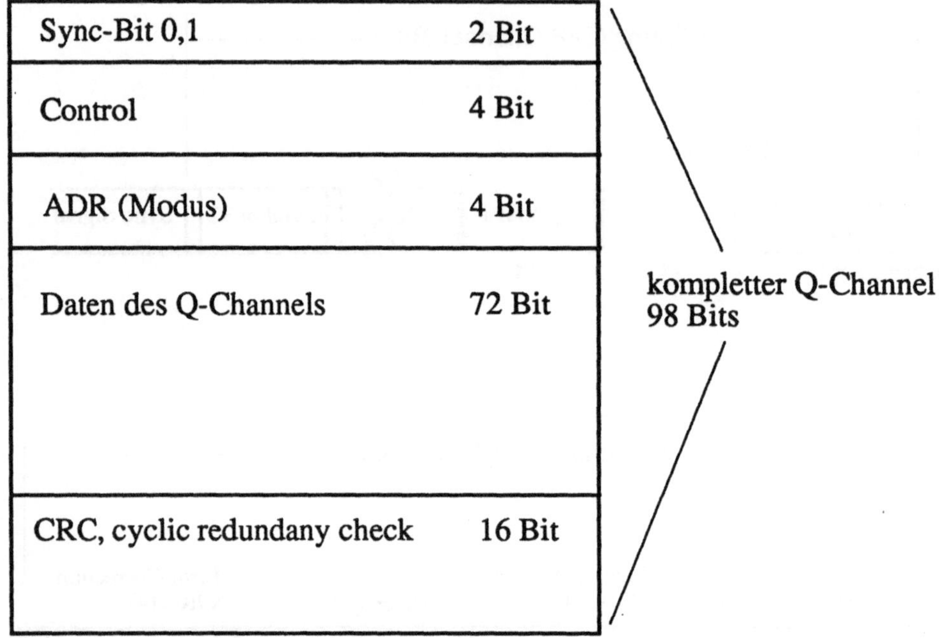

Bild 3.8. Die Struktur des Q-Kanals

Man entschied sich für CIRC (Cross Interleaved Reed-Solomon Code). Es beinhaltet drei einzelne Verfahren, Cross-coding, Interleaving und Reed-Solomon. Nicht korrigierbare Fehler werden zusätzlich bei der Audio-CD "geschätzt". Bei dieser "Interpolation" genannten Methode wird der wahrscheinlichste Wert für einen Fehler errechnet. Dieses Verfahren läßt sich für CD-ROMs, wo jeder Wert gleich wahrscheinlich ist, nicht anwenden. Die CD-ROM verwendet statt dessen ein weiteres Fehlerkorrekturverfahren.

3.2 Das Laufwerk

Ein CD-Laufwerk (player) besteht aus folgenden Funktionseinheiten:

• Motor und Geschwindigkeitsregelung
Die CD wird im CLV-Modus (Constant Linear Velocity) benutzt, d.h. unter dem Lesekopf hat die CD immer die gleiche Geschwindigkeit (1,3 m/s).

Je nachdem, ob der Lesekopf außen oder innen steht, dreht sich die CD also mit unterschiedlicher Geschwindigkeit. Befindet er sich ganz außen, dreht sie sich mit einer Geschwindigkeit von 200 Umdrehungen pro Minute (Revolutions per minute, rpm), befindet er sich ganz innen mit 500 rpm. Festplatten und die meisten Floppies verwenden den CAV- Modus (Constant Angular Velocity), der schnellere Zugriffszeiten ermöglicht, aber die Speicherkapazität verringert. Es existieren auch Mischformen der beiden Modi, wie z.B. bei der Macintosh-Floppy, die fünf verschiedene Geschwindigkeitsstufen kennt.

• Optischer Kopf mit Abtastelektronik und Fokussierung
Der optische Kopf tastet die Informationen auf der CD ab. Eine elektromechanische Steuerung sorgt für die Einhaltung der Spur und den konstanten Abstand zur Oberfläche.

Zum korrekten Abtasten der CD ist es notwendig, genau auf der nur 0,6 Mikrometer dünnen Spur zu bleiben. Bei Sony wird dies durch ein 3-Strahl-Trackingsystem (3-beam system) erreicht (Bild 3.9), das aus zwei weiteren Laserstrahlen und Empfängern besteht. Der eigentliche Laserstrahl wird in drei parallele Strahlen aufgesplittet und auf die CD geworfen. Die Elektronik stellt anhand der beiden zusätzlichen Strahlen fest, ob sich der Tastkopf genau über der Spur befindet. Bei Abweichungen werden die notwendigen Korrekturen vom Servo vorgenommen.

In der Praxis gibt es verschiedene Ausführungen. Beim zweiten, dem 1-Strahl-System von Philips, wird der Laserstrahl erst nach der Reflexion auf der CD kurz vor den Photodioden aufgesplittet (CDM2). Dadurch besteht das System nicht nur aus weniger Komponenten, sondern ist auch nicht so kritisch in der Fertigung wie das Sony-System.

• Signalprozessor
In dieser Einheit werden die Signale der Photodioden weiterverarbeitet. Ein von der CD kommendes 2,16 MHz Taktsignal (clock signal) wird mit einem in der Elektronik erzeugten 4,32 MHz Taktsignal synchronisiert. Nach der EFM-Dekodierung werden die Daten zwischengespeichert und die CIRC-Fehlerkorrektur durchgeführt. Bei der Audio-CD wird an dieser Stelle auch, falls notwendig, die Interpolation durchgeführt.

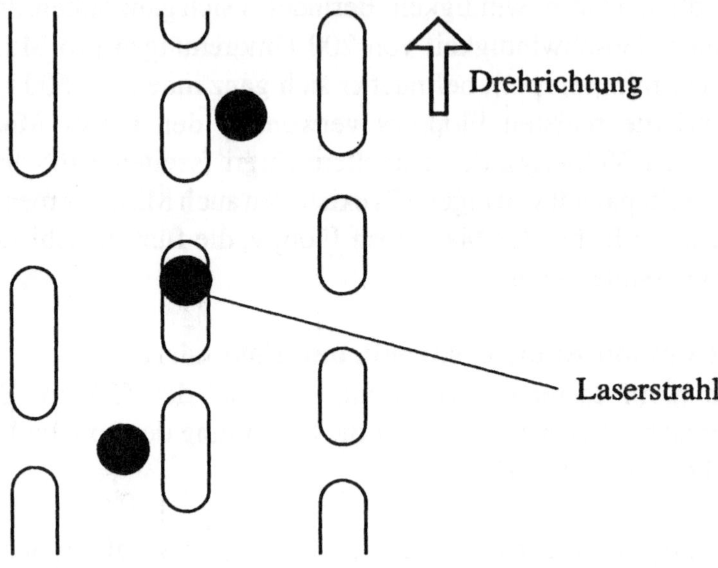

Bild 3.9. 3-Strahl-Tracking (Sony System)

• CD-Controller

Er steuert und kontrolliert die Motoren und Abtastsysteme. Er setzt
Befehle wie "Block xyz lesen" in entsprechenden Steuersequenzen für die
Elektronik um und liefert die Daten an den Analogteil (Audio-CD) bzw.
an die Computerschnittstelle (CD-ROM).

• Ausgabe

Audio-CD: Analogteil, DAC (Digital Analog Converter)
Die in 16 Bit PCM (Pulse Code Modulation) kodierten, digitalen Signale
werden in analoge Spannungen umgesetzt, wie sie ein Verstärker benötigt.
Oft befindet sich auch ein kleiner Verstärker für Kopfhörer im CD-Player.
CD-ROM: Digitalteil und Computerschnittstelle, zunehmend SCSI (Small
Computer Systems Interface). Fast alle CD-ROM-Player enthalten auch
den Analogteil für Audio-CDs.

Sync	Header	Nutzdaten	Zusatzbytes (AUX)
12 Bytes	4 Bytes	2048 Bytes	288 Bytes
			In Modus 1: ECC/EDC

Bild 3.10. Die Struktur eines Blocks (Sektors)

3.3 Technische Daten

Durchmesser der CD	120 mm	+/- 0,3 mm
Exzentrizität der CD		+/- 0,2 mm
Durchmesser des Mittelloches	15 mm	+ 0,1 mm
Dicke	1,2 mm	+ 0,3/- 0,1 mm
Abweichung des Ausfallwinkels		
des Laserstrahls		+/- 1,6 Grad
Spurabstand	1,6 µm	+/- 0,1 µm
Exzentrizität des Spurradius		+/- 70 µm
Breite eines Pits	0,6 µm	
Länge eines Pits	0,833 ... 3,56 µm	
Tiefe eines Pits	0,12 µm	
Spieldauer	60 min (74 min, 33 s)	
Speicherkapazität	527 MBytes (655 MBytes)	

3.4 Die logischen Strukturen auf CD-ROMs

Der Platz auf der CD ist in drei logische Bereiche aufgeteilt (Bild 3.4):

a) **Inhaltsverzeichnis** (Table Of Contents, TOC), belegt die inneren 4 mm
b) **Programmbereich** (Musik oder Daten), belegt die mittleren 33 mm
c) **CD-Ende** (Leadout), belegt den äußersten 1 mm

Jeder Zugriff auf eine CD-ROM bezieht sich auf einen Block, auch Sektor genannt (Bild 3.10). Für einen angeschlossenen Computer ist das die kleinste zugreifbare Einheit. Sie besteht aus 98 Frames zu je 24 Byte, also insgesammt 2352 Bytes. Jeder Sektor wird unter Angabe von Minute, Sekunde und Sektor adressiert. Man spricht deshalb auch bei CD-ROMs vom Begriff der Spieldauer.

Beliebig viele Sektoren bilden zusammen einen Track (logischer Track, nicht zu verwechseln mit der obengenannten Spur!). Bei der Audio-CD entspricht ein Track einem Musikstück, bei der CD-ROM einer logischen Platte (logisches Laufwerk, Volume). Man unterscheidet also Musiktracks und Datentracks. Eine CD-ROM kann eine Mischung aus beiden Typen enthalten. Insgesamt sind 99 Tracks auf einer CD möglich. Jeder Track einer CD kann in drei verschiedenen Modi verwendet werden:

• **Modus 0** bedeutet, daß alle Sektoren des Tracks nur Nullen enthalten.

• **Modus 1** ist der Normalfall. Hierbei werden die 288 Zusatzbytes (AUX) für die oberste Ebene der Fehlerkorrektur, der EDC/ECC (Error Detection and Correction Coding), verwendet. Durch komplexe Polynome wird dabei eine Bitfehlerrate von weniger als 10^{-12} erreicht. Auf der gesamten CD-ROM ergibt sich dadurch eine Kapazität von 552960000 Bytes (527 MBytes; 1 KByte = 1024 Byte, 1 MByte = 1024 x 1024 Byte = 1048576 Bytes). Dabei geht man von einer Spielzeit von 60 Minuten aus. Eigentlich passen über 74 Minuten auf eine CD, doch die letzten 14 Minuten befinden sich auf den äußeren 5 mm der CD und die Hersteller hatten damit technische Probleme. Von 74 Minuten 33 Sekunden ausgehend hätte eine CD-ROM 687052800 Bytes (655 MBytes) Speicherkapazität.

• **Modus 2** ist, außer bei Musiktracks und CD-I, ein selten gebrauchter Modus. Die Bytes des AUX-Feldes werden ebenfalls als Nutzdaten verwendet. Da die zusätzliche Fehlerkorrektur entfällt, steigt die Bitfehlerrate. Dieser Modus wird nur für fehlertolerante Daten, wie z.B. Bilder verwendet.

Es ist nur ein Modus pro Track möglich.

Zusammenfassung

- Pits/Lands auf der CD bewirken Reflexion/keine Reflexion,
- taktgesteuert werden Reflexionen/keine Reflexionen in Channel Bits umgesetzt,
- 14 Channel-Bits (plus 3 Merge-Bits) werden über EFM in 8-Bit Datensymbole umgewandelt. Die Redundanz dieser Umwandlung ermöglicht eine erste Fehlererkennung,
- 32 Datensymbole (plus Sync-Signal und Kontrollinformation) werden zu einem Frame zusammengefaßt: 24 Bytes Nutzdaten, 8 Bytes Fehlerkorrektur (CIRC),
- 98 Frames ergeben einen Sektor oder Block:
  Modus 1: 16 Bytes Kontrollinformation, 2048 Bytes Nutzdaten, 288 Bytes Fehlerkorrektur (ECC/EDC),
  Modus 2: 16 Bytes Kontrollinformation, 2336 Bytes Nutzdaten.

Von den aufgezeichneten Informationen sind nur 49,7 % Nutzdaten, der Rest besteht aus Kontroll- und Fehlerkorrekturinformationen.

Die Nutzung der Sektoren innerhalb eines Datentracks ist nicht vorgeschrieben. Philips und Sony wollten die Formate den Anwendern überlassen. Tatsächlich gibt es auch unterschiedliche logische Formate, die im folgenden erläutert werden.

3.4.1 Block-I/O

Wie oben beschrieben, wird dem angeschlossen Computer der Zugriff auf 2 KByte große Sektoren oder Blöcke ermöglicht. Ein auf diesem Computer laufendes Programm muß diese Blöcke interpretieren. Die Organisation der Daten auf der CD-ROM, d.h. die Abbildung von Datenstrukturen auf die Blöcke, muß dem Programm bekannt sein. Die Folge ist, daß im Normalfall lediglich ein Programm auf einem bestimmten Computer die Daten nutzen kann. Da der Zugriff auf die CD-ROM nur über dieses Programm erfolgen kann, muß es außerdem getrennt auf einer Floppy geliefert werden. Zudem ist diese Abbildung auch erst einmal zu entwickeln, zu implementieren und zu testen, was einen erheblichen Aufwand darstellt. Dieser Aufwand und die nicht vorhandene Portabilität hat dazu geführt, daß der Zugriff auf die CD-ROM auf Blockebene von Anwendungen praktisch nicht mehr stattfindet. Stattdessen werden die anderen Verfahren verwendet.

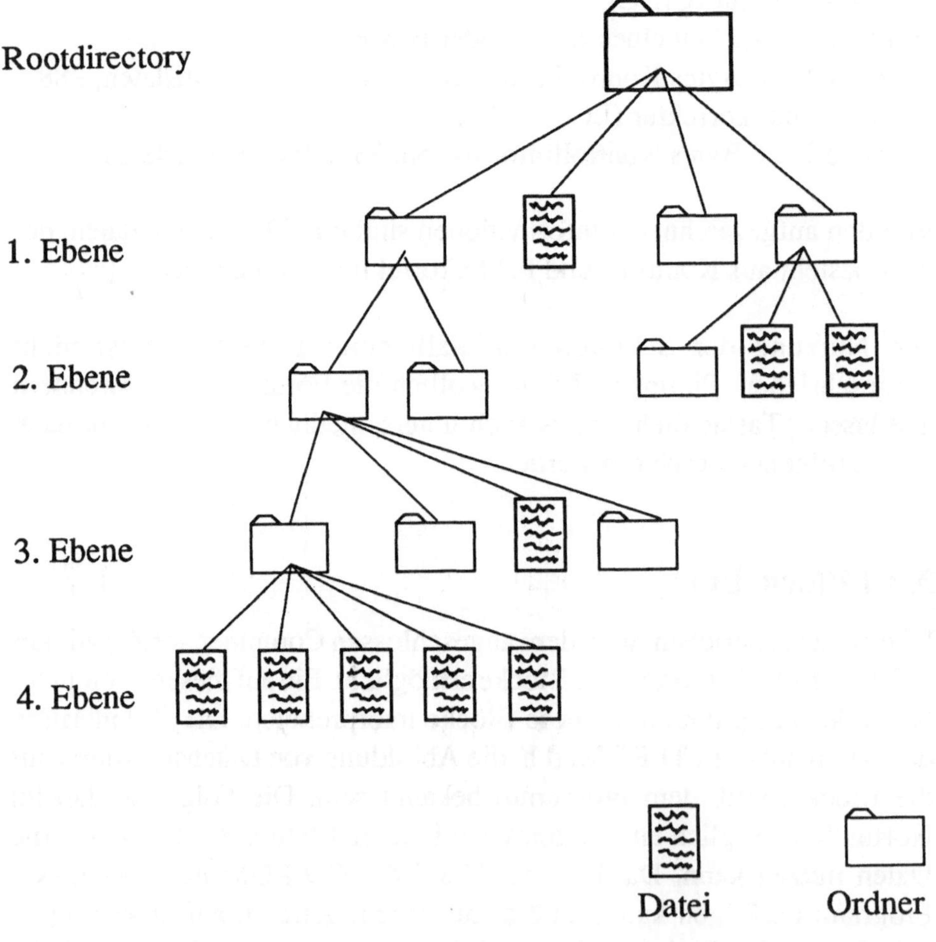

Bild 3.11. Hierarchisches Filesystem

3.4.2 Portierung von Filesystemen

Die Einbindung von CD-ROMs in das Filesystem, d.h. der Datenorganisation, die der Computer schon für Disketten und Festplatten verwendet, ist eine brauchbare, logische Vorgehensweise. Es ist nur wenig Software zu schreiben, das Filesystem ist hinreichend getestet, und alle Programme sind kompatibel zu einer solchen CD-ROM. Man kann sie als schreibgeschützte Festplatte betrachten.

Gerade im Macintosh-Bereich werden die meisten CD-ROMs für das Mac-Filesystem HFS (Hierarchical File System) produziert, da für die Kompatibilität zum Betriebssystem sehr umfangreiche Funktionen benötigt werden. Dabei mußte lediglich eine Konvertierung zwischen den 512 Bytes großen HFS-Blöcken und den 2048 Bytes großen CD-ROM-Blöcken realisiert werden. Erst seit kurzem sind die für die nachfolgend aufgeführten Verfahren notwendigen Treiber und Publiziersysteme (Publishing tools) vorhanden, so daß man für die Zukunft erwarten kann, daß auch dieses Verfahren an Bedeutung verlieren wird.

3.4.3 High Sierra

Nach dem "Krieg der Systeme" auf dem Videosektor zwischen VHS, Beta und Video 2000 hatten die Entwickler von CD-ROMs wohl erkannt, daß nur ein Miteinander die Akzeptanz dieser Technologie beim Kunden ermöglichen kann. Aus diesem Grunde trafen sich im November 1985 Vertreter führender Hard- und Softwarefirmen im Hotel High Sierra nahe Lake Tahoe, U.S.A. Mit von der Partie waren Apple, Digital Equipment, Hitachi, LaserData, Microsoft, 3M, Reference Technology, TMS, VideoTools, Xebec und Yelick. Sie diskutierten über die Standardisierung der Filestrukturen auf CD-ROMs.

Ihre Ziele waren:

- Möglichst wenige Zugriffe auf die CD-ROM, um die Leistung (Performance) hoch zu halten.
- Der Standard sollte erweiterbar sein für WORMs, Erasables, etc.
- 1986 kam die Forderung nach einer Kompatibilität zu CD-I hinzu.
- Unterstützung von verschiedenen Zeichensätzen, um zu einem weltweiten Standard zu gelangen.

• Implementationen der wichtigsten Betriebssysteme sollten möglich sein:
MS-DOS, Unix, Vax-VMS, AppleDos. Ziel war es, eine CD-ROM auf
verschiedenen Systemen nutzen zu können.

Das Ergebnis dieses Treffens war das **"High Sierra Proposal"** vom 28
Mai 1986, ein Quasi-Standard für CD-ROMs. Definiert werden darin
Block- und Sektorstruktur, Directory-Struktur und Namenskonventionen.
Es läßt sich nicht vermeiden, an dieser Stelle ins Detail zu gehen. Der nicht
technisch orientierte Leser sollte sich diesen Abschnitt ersparen und mit
Absatz 3.4.4 fortfahren.

Im Einzelnen

Definition auf Volume-Ebene

Ein logischer Sektor besteht aus 2048 Byte oder einem Vielfachen davon
(2^{n+11}). Ein logischer Block umfaßt 512, 1024 oder 2048 Byte. Der
Speicherplatz eines Volumes gliedert sich in zwei Teile:

• der Systembereich, er beginnt bei 0 Minuten, 2 Sekunden, Sektor 0 und
ist 16 Sektoren lang. Dieser Bereich von 32 KBytes ist frei und kann für
interne Informationen oder spezielle Erweiterungen verwendet werden.
• der Datenbereich, er schließt sich an den Systembereich an und beginnt
bei 0 Minuten, 2 Sekunden, Sektor 16 und reicht bis zum Ende der CD-
ROM.
• Die maximale Tiefe der Hierarchie der Ordner ist beim High-Sierra-
Standard auf 8 festgelegt.
Am Anfang des Datenbereiches befindet sich eine Reihe von Blöcken, die
das Volume beschreiben (Volume descriptors).

Es gibt fünf verschiedene Typen von Deskriptorblöcken:

a) Boot record. Bootrecords sind nur vorhanden, wenn ein Betriebssystem
von der CD-ROM aus starten (booten) soll. Es darf beliebig viele Bootrecords geben. Da ein Bootrecord eine Identifikation des Betriebssystems
enthält, für den er gilt, können auch Bootrecords für mehrere Betriebssysteme angelegt werden.

b) Volume Descriptor Set Terminator. Dieser Block muß vorhanden sein und kennzeichnet das Ende der Reihe. Er ist ansonsten leer.

c) Primary Volume Descriptor. Dieser Block ist der Dreh- und Angelpunkt des High-Sierra-Filesystems. Entsprechend muß ein solcher Block unbedingt vorhanden sein. Er enthält die Wurzel (root) der Dateiverzeichnisse. Weiterhin sind mehrere Namen (identifier) enthalten, die beschreiben, wie das Volume heißt, wer die CD-ROM gemacht hat und ähnliche Begriffe. Nicht unerwähnt sollen auch die vier Datumsinformationen bleiben,
• wann die CD-ROM begonnen wurde,
• wann die Daten vor dem Pressen zuletzt geändert wurden,
• wann die Gültigkeit der Daten beginnt,
• wann die Gültigkeit der Daten endet.

d) Supplementary Volume Descriptor. Dieser Deskriptor beschreibt das gleiche Volume wie der zugehörige Primary Volume Descriptor. Er wird angewendet, wenn die Namen des Filesystems nicht im lateinischen Alphabet angegeben sind.

e) Volume Partition Descriptor. Ein Block dieses Typs dient zur Beschreibung eines Volumes, das ein vom High-Sierra-Standard abweichendes Filesystem enthält. Die Interpretation der darin enthaltenen Daten ist betriebssystemabhängig und deshalb dem Anwender der Struktur überlassen. Sind solche Volumes vorhanden, muß es zu jedem einen Volume Partition Descriptor geben.

Definition auf Datei-Ebene

High Sierra definiert ein hierarchisches Filesystem (siehe Bild 3.11) mit Ordnern (directories, folders), Unterordnern (subdirectories) und Pfadnamen (pathnames). Es ist eine Obermenge zu den in MS-DOS, Unix, Macintosh-OS und anderen implementierten Filesystemen, damit alle Filesysteme darauf abgebildet werden können.

Jede Datei besitzt eine Reihe von Attributen:

- **Existence** (hier sichtbar): Ist die Datei sichtbar oder versteckt?
- **Directory** (Ordner): Ist diese Datei ein Verzeichnis oder eine normale Datei?
- **Associated File** (angegliederte Datei): Ist diese Datei einer anderen Datei angegliedert, bilden also diese beiden Dateien eine Einheit? Die beiden Dateien haben ansonsten den gleichen Namen.
- **Record**: Ist die Datei in Datensätzen (records) fester Länge organisiert?
- **Protection** (Schutz): Es stehen am Anfang der Datei weitere die Benutzung einschränkende Attribute (Extended Attribute Record, XAR).
- **Multi-Extent**: Die Datei besteht aus mehr als einem Extent (Extent = mehrere Blöcke, die aufeinander folgen und zusammen gehören).

Zur Beschleunigung der Zugriffe auf die Ordner existiert noch eine Pfadtabelle (path table). Die Pfadtabelle besteht aus einer kompakten Liste aller Namen und Anfänge der Ordner und beschreibt wer Unterordner von wem ist. Diese Tabelle kann vom Computer in den Speicher gelesen werden, so daß bei der Analyse eines Pfadnamens nicht von der CD-ROM gelesen werden muß. Von der Pfadtabelle dürfen mehrere Kopien auf der CD-ROM angelegt werden. Falls der Computer die Tabelle erneut laden muß, kann er die nächstliegende auswählen.

Bei Zahlen, die zwei oder vier Bytes umfassen, gibt es die Möglichkeit, die Bytes vorwärts oder rückwärts anzuordnen. Leider werden in der Computerwelt beide Anordnungen benutzt. Entsprechend sind alle Zahlen mit mehr als einem Byte in den High-Sierra-Datenstrukturen in beiden Anordnungen vorhanden. Die Pfadtabellen enthalten nur eine der beiden Anordnungen, dafür gibt es die Pfadtabellen als Ganzes jeweils zweifach.

Im High-Sierra-Standard wird für die Record Struktur das "Measured Data Unit (MDU)" Konzept definiert. Es erlaubt sowohl Records mit fester Größe als auch Records mit variablen Längen. Die entsprechenden Informationen sind im XAR (eXtended Attribute Record) untergebracht.

3.4.4 ISO 9660

Aus dem High Sierra Proposal machte die International Standards Organisation 1988 den Standard ISO 9660. Er unterscheidet sich nur kleinen Details von High Sierra:

- Einige Felder der Volume-Information wurden geändert.
- Es gibt weniger optionale Pfadtabelleneinträge.
- Ein Verfasser-Feld (bibliographic preparer field) wurde hinzugefügt.
- Die Datums- und Zeitfelder haben ein zusätzliches Element, in dem 15 Minuten-Abweichungen von der Greenwich-Zeit dargestellt werden können.
- Die Sortierreihenfolge von Datei und assoziierter Datei wurde umgekehrt.

Nachdem anfangs hauptsächlich High Sierra CD-ROMs hergestellt wurden, setzt sich ISO 9660, da es ein offizieller Standard ist, immer mehr durch.

4 Der Entstehungsprozeß einer CD-ROM - Von der Idee zum Produkt

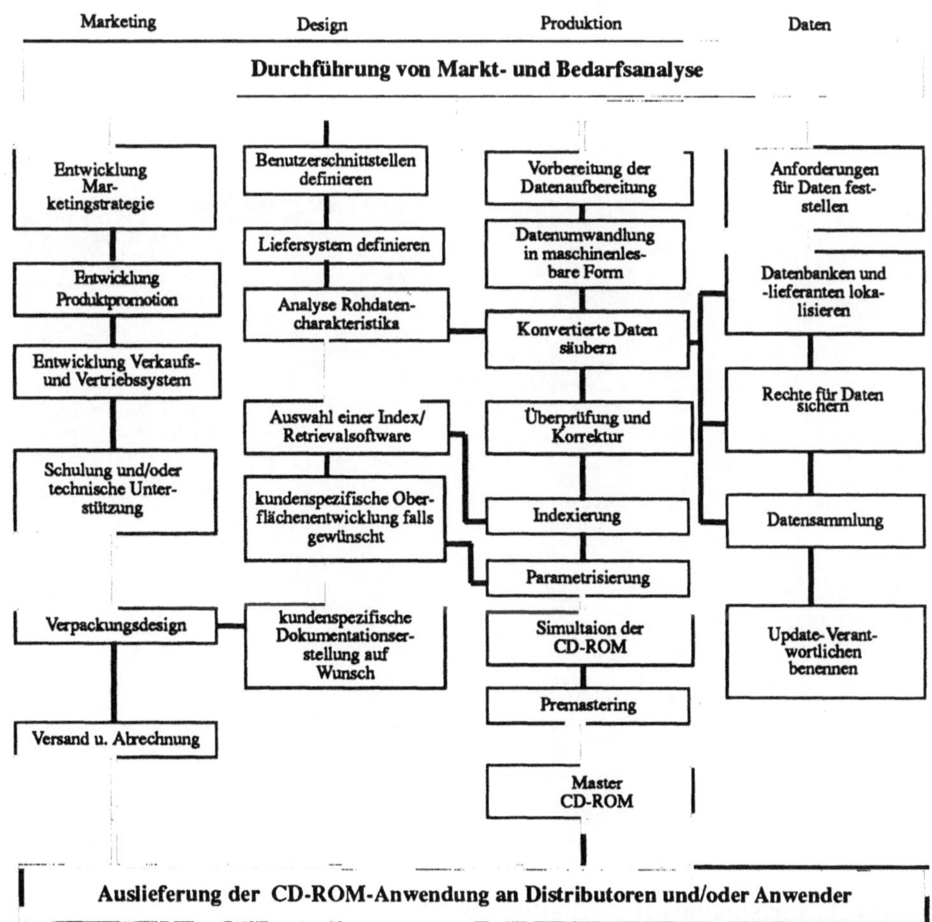

4.1 Eignung des Datenmaterials

Zuerst muß man sich über die Eignung des vorhandenen Materials für CD-ROM klar werden. Wir wollen hier einen Überblick über gut geeignetes Material voranstellen:

- Daten/Texte, die bereits auf einem beliebigen elektronischen Medium gespeichert sind.
- Material, das einen so hohen Nutzwert/Gewinn bringt, daß es sich lohnt, 1 bis 6 DM pro 1000 Zeichen für die Erfassung zu investieren.
- Referenzwerke, bei denen ein mehrdimensionaler Zugriff wünschenswert ist. Im städtischen Telefonbuch beispielsweise ist ein einzelner Name schnell zu finden. Dies gilt nicht, wenn ein Name im gesamten Bundesgebiet zu suchen ist oder gar alle Anwohner einer Straße gefunden werden sollen.

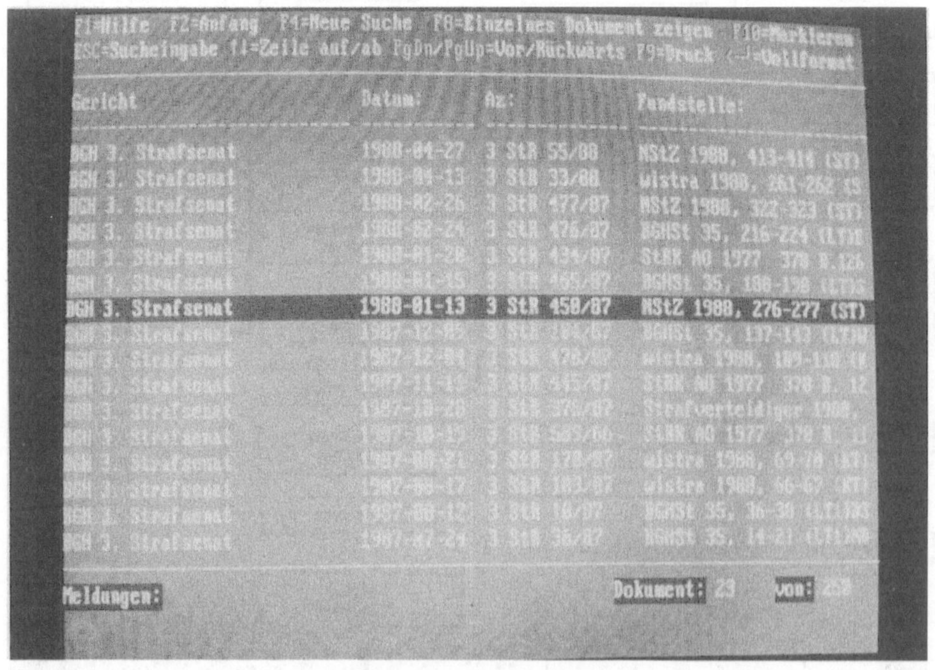

Bild 4.1. Juristisches Informationssystem

- Material, für das ein deutlicher Vorteil entsteht, wenn es auf Rechnern verfügbar ist, z.B.
    - Programme, public domain CD-ROMs,
    - Zahlenreihen, Statistiken zur Weiterverarbeitung,
    - Zeichnungen, CAD-Bibliotheken,
    - Dokumente, Formularausdruck nach Bedarf,
    - Texte, Textbausteine zu Weiterverwendung.
- Große Informationsmengen, die regelmäßig in geordnetem Zustand zur Verfügung stehen müssen, sind prädestiniert für CD-ROM. So können z.B. Loseblattwerke, deren Ersatzlieferungen einsortiert werden müssen, regelmäßig auf CD-ROM erscheinen.
- Massenproduktionen. Ab 300 bis 1000 Stück sind die Gesamtkosten für die CD-ROM-Produktion geringer als für die Papierproduktion. Denkbar sind Kataloge mit fachspezifischer Produktinformation. Der Nutzen für den Kunden oder Lieferanten sollte aber so groß sein, daß die Anschaffungskosten für den CD-ROM-Player (1000 bis 3000 DM) über die Nutzungszeit verteilt keine Rolle mehr spielen.
- Handbücher, Betriebsanleitungen, technische Dokumentationen für einen begrenzten und bekannten Abnehmerkreis.
- Interne Anwendungen in Großfirmen,
    - Vertreter mit Informationen versorgen,
    - Interne Informationen und Anweisungen verteilen,
    - Text-, Bild-, CAD-Dokumente verbreiten.
- Informationen, die lokal gehalten werden müssen, da Vernetzungen zu teuer, umständlich oder unsicher sind, wie etwa die "Gefahrgut CD-ROM" des Springer-Verlags, die die sofortige Verfügbarkeit von Gefahrgut-Informationen bei Unfällen sicherstellt.
- Bibliothekskataloge,
- Kombinationsprojekte, bei denen durch die Synergie der einzelnen Werke der Gesamtnutzen steigt. Ein denkbares Beispiel wäre eine Wörterbuchkombination, bei der durch die gleichzeitige Nutzung mehrerer Werke Übersetzungen möglich werden, ein anderes wäre die Kopplung von Fachwerken mit dazu passenden Lexika.
- Integrierte Projekte, bei denen eine multimediale Verknüpfung von Text, Bild und Ton sinnvoll ist, wie zum Beispiel bei Lernsystemen.

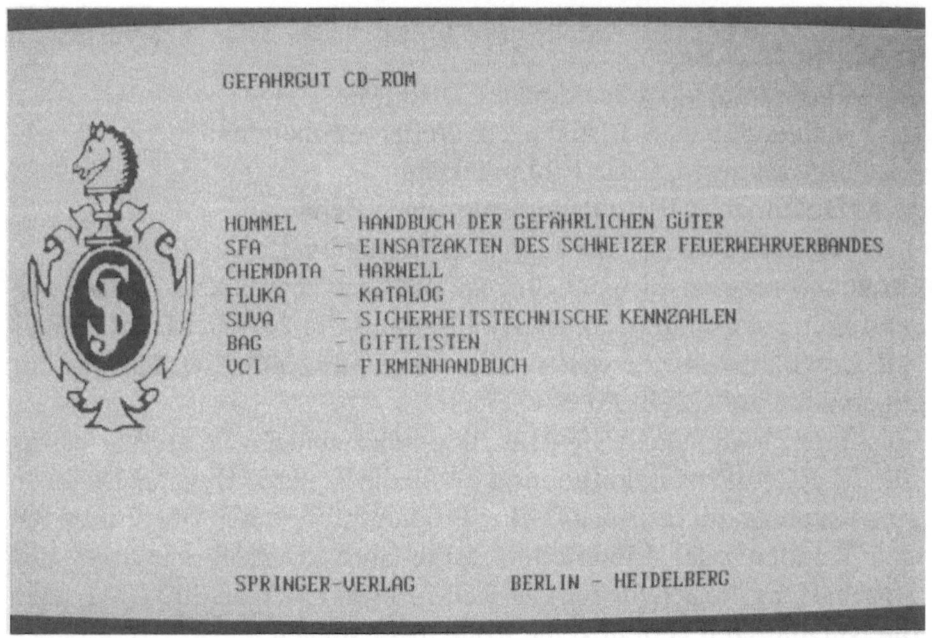

Bild 4.2. Gefahrgut-CD-ROM

4.2 Das Konzept

Der wohl wichtigste Schritt ist das Konzept. Ohne sorgfältige Planung kann aus einer guten Idee keine gute CD-ROM werden. Aspekte, die in diesem Stadium nicht berücksichtigt werden, können meist später nicht mehr in das Projekt einfließen. Aus diesem Grunde folgen hier die Punkte, die bei jedem Projekt berücksichtigt werden sollten. Diese Liste kann nicht vollständig sein und dient nur als Ansatzpunkt für eigene Analysen.

4.2.1 Die Art der Informationen

Prinzipiell gibt es verschieden zu betrachtende Arten von Informationen. Bei reinen Archiv-CD-ROMs, d.h. Sammlungen von Texten, Bildern oder Programmen, sind Details wie die Strukturierung der Directories sehr wichtig. Bei CD-ROMs mit spezieller Software für den Datenzugriff, wie z.B. Datenbankanwendungen, ist dagegen die Benutzerschnittstelle (User-Interface, Oberfläche) viel entscheidender.

4.2.2 Der Anwender

Um eine CD-ROM zu kreieren, die die Bedürfnisse der späteren Anwender befriedigt, muß man sich möglichst genau darüber im klaren sein, wer die Anwender sind. Ziel ist es, die Arbeit des Anwenders zu erleichtern, nicht jedoch, dessen Arbeitsabläufe zu verändern. Dies würde sonst zu Ablehnung führen. Wichtig ist es auch, die "Sprache" des Anwenders zu verwenden. Wenn in dessen Umfeld von "Akten" gesprochen wird, sollte ihm die Oberfläche nicht "Dateien" oder ähnliches präsentieren. Dies bedeutet, man muß sich über das Arbeitsfeld, Alter und Bildungsgrad klar werden.

4.2.3 Der Nutzen

Die Installation eines Computers mit CD-ROM-Laufwerk kann durchaus fünfstellige Summen kosten. Im Minimalfall ist es zumindest das CD-ROM-Laufwerk, das mit 1000 bis 3000 DM zu Buche schlägt. Hinzu kommt noch die CD-ROM selbst, die ebenfalls zwischen 100 und 16000 DM (in einem Fall sogar 200000 DM, CineScan CD) kosten kann. Die Faszination der neuen Technologie allein reicht nicht, um die Kunden zu einer solchen Investition zu bewegen. Eine CD-ROM muß einen echten Gewinn bringen, möglichst einen in Zahlen ausdrückbaren. Der Nutzen einer CD-ROM kann z.B. bestehen aus:
- Zeitersparnis, Arbeitsabläufe werden einfach beschleunigt,
- Qualitätsteigerung, umfangreichere Recherchen (siehe Bild 4.1),
- bisher unmögliche Anwendungen oder Auswertungen der Daten (siehe Bild 4.2),
- einfacherer Zugriff auf Material, Routinearbeiten minimieren.

4.2.4 Der Einsatzort

Bei der Planung muß berücksichtigt werden, in welchen Sprachbereichen die CD-ROM eingesetzt werden soll. Selbst bei einem Einsatz in nur einem Land muß man sich Gedanken über Mehrsprachigkeit machen. Ein Stadtinformationssystem z.B. wird auch von ausländischen Touristen benutzt. Wichtigste Regel in diesem Zusammenhang: Den Übersetzer zu sparen, ist Sparen am falschen Ende! Schulkenntnisse reichen einfach nicht aus. Die Akzeptanz eines Systems wird durch Übersetzungsfehler entscheidend gemindert. Jeder kennt die Bedienungsanleitungen der japanischen Quarzuhren, die von Japanisch nach Englisch, von Englisch

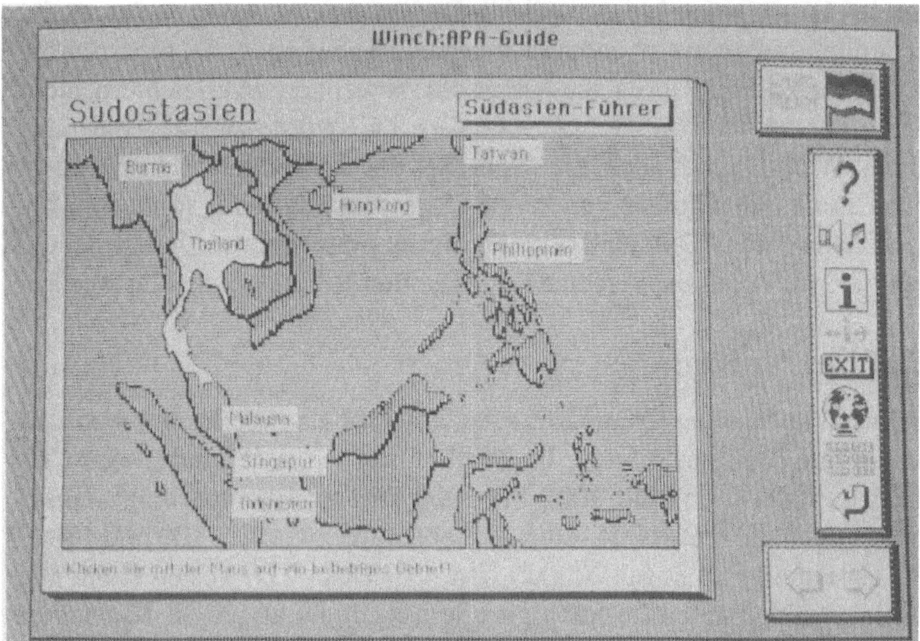

Bild 4.3. Der zweisprachige APA-Guide

nach Französisch und dann schließlich ins Deutsche übersetzt wurden.
Sollten Sie hingegen "im Mode der Schnoerkelfesselung" oder "vom
Brauch der Tastatur" verstehen (Auszug aus einer Anleitung für die
Tastatur des IBM-PC), so trifft Sie dieses Problem nicht. Sicher sind das
Extremfälle, aber gerade so etwas ist ein Indikator für die Sorgfalt, die für
das ganze System verwendet wurde. Eine mehrsprachige Oberfläche
sollte jederzeit die Möglichkeit bieten, die Sprache zu wechseln. Hierfür
bieten sich sprachunabhängige Sym-bole an, z.B. die Nationalflaggen
(siehe Bild 4.3). "Ein Bild sagt mehr als tausend Worte!"

4.2.5 Zielsysteme (target machines)

Da es eine Vielzahl von Betriebssystemen auf dem Markt gibt, ist die Wahl
der Zielsysteme eine der wichtigsten Entscheidungen. Bei einem Teil der
CD-ROMs beantwortet sich diese Frage von selbst, bei anderen nicht.
Beispiele:

- Eine Programmsammlung wird man nur für den Computer auslegen, auf dem die Programme auch lauffähig sind.
- Eine multimediale CD-ROM wird derzeit am einfachsten für den Macintosh produziert, der praktisch als einziges System die Voraussetzungen dafür mit sich bringt.
- Wirtschaftsdatenbanken werden meist für den PC (MS-DOS) realisiert, da er preiswert und bei den potentiellen Anwendern weitverbreitet ist.

Da es den High Sierra (ISO 9660)-Standard gibt, lassen sich jedoch auch CD-ROMs für mehrere Zielsysteme erstellen. Wenn der Zugriff auf die CD-ROM über ein spezielles Programm erfolgt, zum Beispiel über ein Retrievalsystem, muß dieses natürlich unter jedem Betriebssystem lauffähig sein. Ein Beispiel dafür ist OptiSearch, das unter MS-DOS, Macintosh-OS und UNIX läuft.

4.2.6 Datenbanksoftware (Retrieval)

Große Datenmengen lediglich zur Verfügung zu stellen, ist nicht hilfreich. Wichtig ist der intelligente, mächtige Zugriff. Durchsucht man eine volle CD-ROM auf "dumme" Art und Weise, d.h. stur sequentiell, so kann das eine Stunde und länger dauern. In dieser Zeit kann man auch in fünf Lexika nachlesen. Der "intelligente" Weg ist Retrieval-Software, die auch bei Online-Datenbanken verwendet wird. Die Suchzeiten verkürzen sich dabei, je nach Anfrage, auf zwischen 1 und 60 s. Als Leitwert sollte man bei "normalen" Anfragen auf CD-ROM-Datenbanken von ca. 2 s ausgehen. Erreicht wird dies durch eine Art Stichwortverzeichnis, dem sogenannten Index. Er wird vor der eigentlichen Produktion von Softwarehäusern oder vom Anwender eines Autorensystems erstellt. Dabei gibt es zwei Arten von Indizes:

- manuelle Indexierung: Hierbei werden manuell ausgewählte Stichworte, die ein Dokument beschreiben, in den Index aufgenommen.
- Volltextdatenbanken: Dabei wird der gesamte Inhalt aller Dokumente, das heißt jedes einzelne Wort, indexiert. Ausnahmen bilden dabei lediglich die Worte aus der optionalen Stopwortliste. Sie enthält die Worte einer Sprache, die keine Information tragen, wie "er, sie, es, und, aber...".

Ein Retrieval-System besteht also aus zwei Teilen, dem Indexieren und dem Suchen (Retrieven). Selbstverständlich müssen beide Teile genau aufeinander abgestimmt sein.
Einer Schätzung der Zeitschrift "CD-ROM EndUser" nach gibt es zur Zeit weltweit zwischen siebzig und achtzig Retrievals für CD-ROM (Tendenz steigend). Sie unterscheiden sich in der Art und Weise, wie sie den Index aufbauen, wie sie im Index suchen und welche Suchmöglichkeiten zur Verfügung gestellt werden.

Nach welchen Kriterien beurteilt man nun ein Retrieval?

• Auf welchen Betriebssystemen läuft es?
Das Retrieval muß auf allen Rechnern laufen, für die eine CD-ROM produziert werden soll. Wenn die Anwendung unter verschiedenen Betriebssystemen laufen soll, reduziert sich die Anzahl der potentiellen Retrievals sehr schnell auf eine Handvoll.

• Wie schnell ist es?
Da CD-ROM ein sehr langsames Medium ist, spielt der Faktor Geschwindigkeit eine große Rolle. Psychologische Untersuchungen haben ergeben, daß Anwortzeiten von bis zu 0,3 s für Menschen optimal sind. Diese Werte lassen sich auf diesem Medium unter keinen Umständen erreichen, aber je länger der Anwender auf die Anwort wartet, desto größer wird der Frust und die Abneigung, mit dem System zu arbeiten, steigt. Die Geschwindigkeit ist deshalb entscheidend für die Akzeptanz des Anwenders.

• Wie mächtig ist die Suche?
Einfache Retrievals können nur einzelne Worte suchen, meist mit einer Auswahl über den Index der vorhandenen Worte. Etwas bessere Systeme können Worte mit Metazeichen (wildcards) suchen.

Metazeichen ersetzen Buchstaben oder Buchstabenfolgen (strings). Die Metazeichen '*' und '?' haben sich in diesem Bereich durchgesetzt, sind aber nicht standardisiert. Dabei repräsentiert ein Fragezeichen einen beliebigen Buchstaben und ein Sternchen eine beliebige Buchstabenfolge. Suchen Sie zum Beispiel nach Meyer und wissen die genaue Schreibweise nicht, so würde der Suchbegriff 'M??er' sowohl 'Meyer' als auch 'Maier'

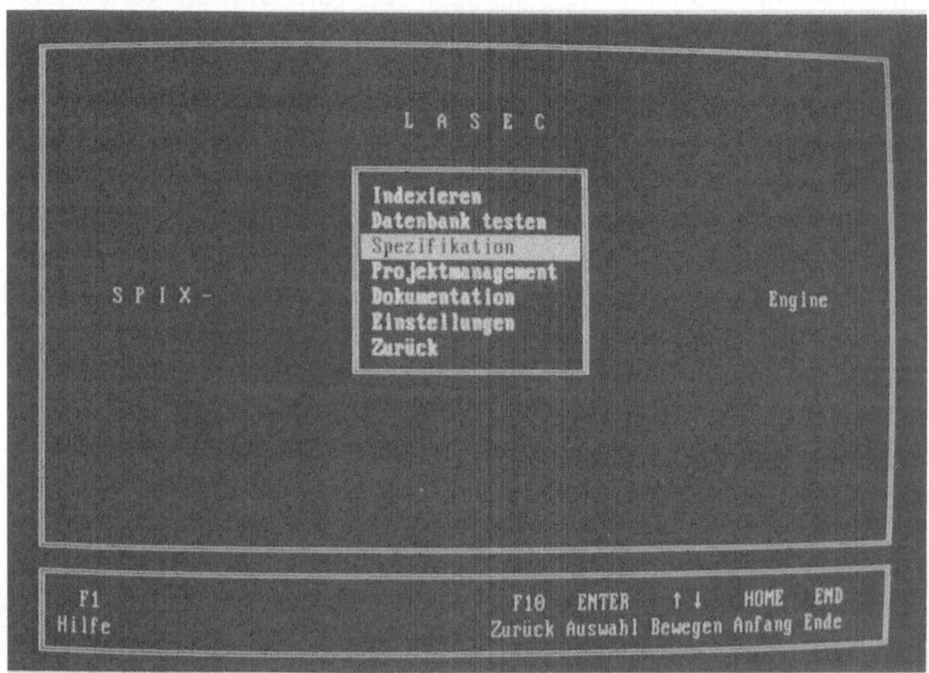

Bild 4.4. Retrievalsystem OptiSearch

als auch 'Mayer' finden. In diesem Fall würde allerdings auch 'Maler' gefunden werden. Dieses Metazeichen wird im allgemeinen Sprachgebrauch als Joker bezeichnet.

Sucht man ein Wort und weiß nicht, ob es zum Beispiel in der Einzahl oder der Mehrzahl auftaucht, verwendet man meist das Sternchen. Der Suchbegriff 'Auto*' steht für 'Auto', 'Autos' und auch für 'Automobil'. Diese Funktion nennt sich Trunkation (truncation). Gute Retrieval-Systeme erlauben die beliebige Verwendung dieser Metazeichen. Ein Suchbegriff wie '*damp?schiff*gesell?*' ist dann ein gültiges Suchwort und alle Dokumente die z.B. das Wort 'Donaudampfschiffahrtsgesellschaft' enthalten, würden gefunden.

Der nächste Schritt sind boolesche Operatoren (boolean operators). Sie werden verwendet, um mehr als nur einen Suchbegriff zu ermöglichen.

Die Anfrage 'Auto und Umwelt' würde nur die Dokumente präsentieren, in denen sowohl das Wort 'Auto' als auch das Wort 'Umwelt' vorkommt. Nachfolgend eine Aufstellung der wichtigsten Operatoren und ihrer Bedeutung:

adam UND eva   => alle Dokumente die sowohl adam als auch eva enthalten

adam ODER eva   => alle Dokumente, die mindestens eines der Worte adam oder eva enthalten

adam OHNE eva   => alle Dokumente, die adam enthalten aber eva nicht

Weiterhin gibt es noch Operatoren mit Positionsbezug auf die Worte im Text. Es kann die Forderung aufgestellt werden, daß zwei Worte im selben Satz oder Absatz (paragraph) vorkommen müssen:

adam NEBEN eva   => alle Dokumente, in denen adam direkt vor eva steht

adam NAHE eva   => alle Dokumente, in denen adam nicht weiter als eine definierbare Anzahl von Worten entfernt ist

Auch hier läßt ein gutes Retrieval wieder beliebige Kombinationen zu, z.B. 'adam und eva oder apfel und schlange', was alle Dokumente findet, in denen entweder adam und eva oder apfel und schlange vorkommen. Dabei legt eine Prioritätenliste fest, welcher Operator zuerst ausgewertet wird. Diese Prioritäten sind denen der Mathematik sehr ähnlich, die Rechnung 3*4+5 ergibt 17 und nicht 27. Es lag daher nahe, genau wie in der Mathematik Klammern zuzulassen. Dadurch gibt es eine Hierarchie in der Auswertung der Operatoren. Die Suchanfrage 'adam und (eva oder apfel) und schlange' ergibt dann ein anderes Ergebnis als das vorherige Beispiel, nämlich alle Dokumente, die adam und schlange und mindestens eines der Worte eva und apfel enthalten.

• Wieviele Felder kann es verwalten?
Felder sind Teilindizes. Bei strukturierten Daten, z.B. Karteikarten von Büchern gibt es ein Feld "Titel", ein Feld "Autor" usw. Jedes dieser Felder erzeugt im Prinzip einen eigenen In-dex, der mit den anderen verknüpfbar

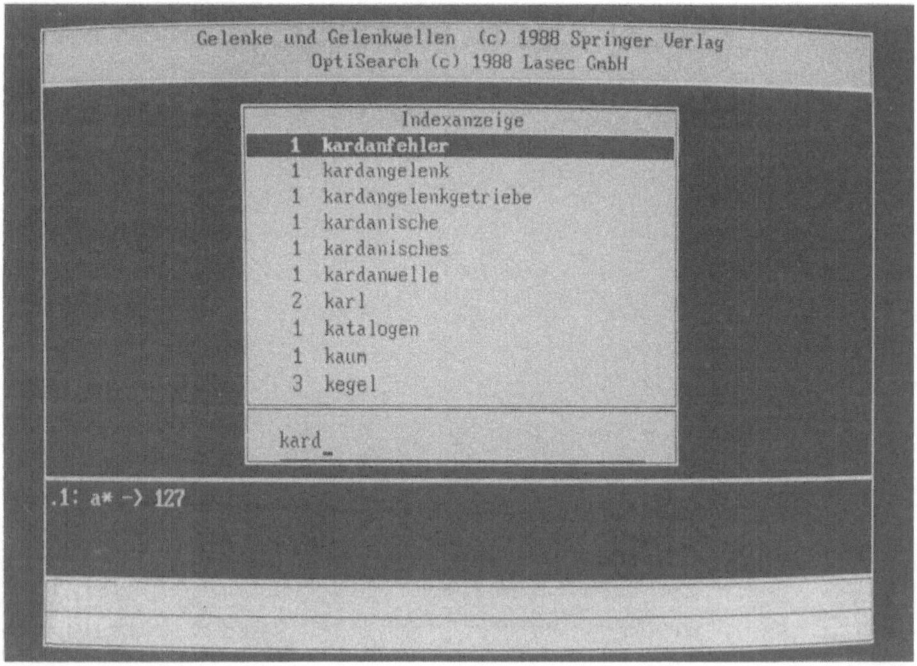

Bild 4.5

ist. Eine Suchanfrage der Art "Autor:Meier" findet das Wort "Meier" nur,
wenn es im Feld "Autor" steht. Für die meisten Anwendungen sind ein
Dutzend Felder ausreichend, in Sonderfällen kann die Zahl aber auch in
die Hunderte gehen.

• Wie groß ist der Index im Vergleich zu den Originaldaten?
Auch auf einer CD-ROM ist der Speicherplatz begrenzt, deshalb ist es
wichtig, ob der Index 15 oder 150 % der Originaldaten benötigt. Bei
gleichem Inhalt kann ein Index 30 bis 200 % der Originaldaten umfassen.
Ein gutes Retrievalsystem erzeugt einen kleinen Index, denn je weniger
Daten gelesen werden müssen, desto schneller ist die Suche.

• In welchen Sprachen ist es zu benutzen?
Soll die CD-ROM mehrsprachig sein, dann muß auch das Retrieval
mehrsprachig sein. Für die UND-Verknüpfung wird im Englischen nun

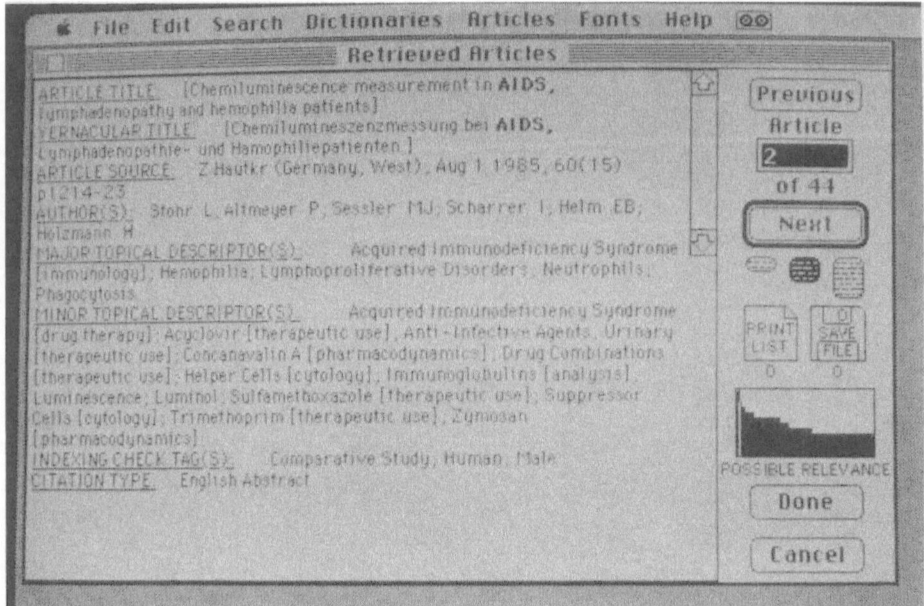

Bild 4.6. Retrieval-Oberfläche

einmal 'AND' verwendet. Die Umschaltung der Retrievalsprache ist im Optimalfall während des Betriebs möglich. Ein Bewertungskriterium des Systems ist die Behandlung von fremdsprachlichen (nichtenglischen) Texten. Werden zum Beispiel die deutschen und dänischen Sonderzeichen vernünftig einsortiert und suchbar gemacht, werden mathematische Symbole mit aufgenommen usw.

• Welche Datentypen werden unterstützt?
Gute Retrievalsysteme können außer Wörtern auch Datentypen, wie Zahlen, Datum oder Uhrzeit verarbeiten. Da in einem alphabetischen Index "2" nach "17" sortiert wird, kann in einem solchen nicht mit mathematischen Operatoren wie "kleiner als", "größer als" oder "von .. bis ..." gesucht werden.

• Wieviel kostet es?
Für die Verwendung eines Retrieval-Systems sind entweder Pauschalbeträge oder Lizenzen zu zahlen.

• In welcher Form steht es zur Verfügung?
Ist es ein Retrieval mit Standardoberfläche für Standarddaten oder ist es
ein Retrievalkern mit individuell erstellter oder angepaßter
Benutzeroberfläche. Paßt man also die Daten der Oberfläche an, oder die
Oberfläche den Daten. Im zweiten Fall muß für eine Anwendung noch eine
spezielle Oberfläche geschrieben werden. Ein Teil der Softwarehäuser
bietet diese Dienstleistung, eine Oberfläche nach Spezifikation des Kunden
zu schreiben, an. Er erhält dann das fertige Produkt, er hat nichts mit dem
Indexieren und Herstellen zu tun. Alternativ wird das Retrieval als Library
einer Programmiersprache dem Kunden zur Verfügung gestellt, der
seinerseits die Oberfläche erstellt oder den Auftrag dazu vergibt. Die
Indexierungssoftware wird nicht von jedem Hersteller außer Haus gegeben,
wenn doch, dann meist in Form eines Autorensystems. Der Kunde hat in
diesem Fall die Möglichkeit, die gesamte CD-ROM-Generierung inhouse
durchzuführen.

• Hat es besondere Zusatzmerkmale?
Es gibt Features, die nicht jedes Retrieval anbietet. Je nach Anwendung
können diese aber notwendig sein. Da eine CD-ROM ein sehr träges
Medium ist - Updates werden normalerweise ein- bis viermal pro Jahr
gemacht - ist das Feature Update-Datenbank sehr sinnvoll. Dabei wird eine
kleine zweite Datenbank auf einem anderen Medium, z.B. einer Floppy
Disk, mit der CD-ROM Datenbank kombiniert. Die CD-ROM enthält
dabei die Stammdaten, die Floppy die neuen, nach der Pressung enstandenen
oder geänderten Daten.

Ein anderes Feature ist der Zugriff auf vorhergehende Suchanfragen.
Bringt eine Anfrage zuviele Treffer, muß man sie durch eine spezifischere
Anfrage einschränken, zum Beispiel die Anfrage um ein 'UND w3'
ergänzen. Dabei ist es hilfreich, wenn man sich auf die vorhergehende
Anfage beziehen kann, anstatt alles neu einzutippen. Ein gutes Retrieval
erlaubt den Rückgriff auf jede Anfrage, die während einer Sitzung (Session)
gestellt wurde, und interessant ist auch die Möglichkeit, eine CD-ROM-
Datenbank mit einer Großrechnerdatenbank über Telekommunikation zu
verknüpfen.

4.2.7 Systemvoraussetzungen

Computer ist nicht gleich Computer. Produziert man eine CD-ROM-Anwendung, sollte man sich darüber im klaren sein, welche Leistungsmerkmale der Computer erfüllen muß:
- Betriebssystemversion,
- Speicherausbau,
- Massenspeicher,
- Treibersoftware,
- Graphikkarten,
- Peripherie (Maus, Touchscreen).

4.2.8 Partnerwahl

Für die nachfolgend aufgeführten Arbeitsschritte muß der Produzent einer CD-ROM sich überlegen, ob er Know-how und Arbeitskräfte besitzt, um sie inhouse zu erledigen, oder an eine Dienstleistungsfirma abgibt. Die meisten CD-ROM-Firmen bieten den kompletten Service an, von der Beratung bei der Konzeption bis hin zur Vervielfältigung der CD-ROM.

4.3 Datenakquisition

Daten sind im allgemeinen durch Copyrights geschützt. Die Rechte an Texten und Bildern liegen meist bei Verlagen oder Presseagenturen. Plattenfirmen besitzen die Rechte an Musikstücken. Will man fremde Daten für eigene CD-ROMs benutzen, kommt man nicht daran vorbei, sich mit diesen Firmen zu einigen. Für viele Firmen ist diese Technologie jedoch sehr neu und schwer abzuschätzen. Sie fürchten Umsatzeinbußen in ihrem traditionellen Bereich, z.B. dem Buchverkauf. Hier ist die Überzeugungsarbeit zu leisten, daß CD-ROM und Buch eine Synergie bilden, sich ergänzen, nicht verdrängen. Kein Mensch nimmt seinen Computer mit ins Bett, um vor dem Einschlafen noch ein wenig zu lesen. Eine andere Gefahr ist die problemlose Vervielfältigung digitaler Daten. Verlage fürchten, daß der Computer die illegale Vervielfältigung, die mit dem Fotokopierer begann, noch vorantreibt. Am ehesten gelangt man zu Copyrights, wenn dem Besitzer derselbigen keine Kosten anfallen, er also kein Risiko trägt und Lizenzgebühren bekommt. Außerdem sollten die

Daten in verschlüsselter Form auf die CD-ROM gebracht werden, um Mißbrauch zu verhindern. Copyrights für Musik bei Plattenfirmen zu bekommen ist beinahe aussichtslos, auf jeden Fall aber sehr teuer. Benötigt man Musik, z.B. für multimediale Anwendungen, sollte man andere Alternativen ins Auge fassen. Junge Musiker sind für jede Art von Verbreitung ihrer Arbeit dankbar, meist reicht ein Copyright-Hinweis mit Kontaktadresse für die Nutzungsrechte.

4.4 Datenerfassung und -aufbereitung

Hat man die erste Hürde überwunden, die Copyrights oder begrenzte Nutzungsrechte zu bekommen, ist der nächste Schritt, die Daten in eine geeignete Form zu bringen. Selten sind sie direkt zu verwerten, oft nicht einmal elektronisch gespeichert. Die elektronische Verfügbarkeit ist die Grundvoraussetzung für eine Weiterverarbeitung und deshalb der erste Arbeitsgang. Bei Texten gibt es zwei Möglichkeiten:

a) Manuelle Erfassung. Es gibt diverse Dienstleistungsfirmen, die Texterfassung anbieten. Sie lassen die Texte von Datentypisten in Computer eintippen und überprüfen. Anschließend liefern sie dann entsprechend viele Disketten.

b) Scannen und OCR. Die andere Möglichkeit besteht darin, mit einem Scanner, einem "elektronischen Fotokopierer", die einzelnen Buchseiten als Bilder in den Computer einzulesen und anschließend ein optisches Zeichenerkennungssystem (Optical Character Recognition, OCR) zu verwenden. In diesem Schritt "liest" der Computer die Seite und setzt den Inhalt in den computerinternen Code (typ. ASCII) um. Problematisch sind Zeitungen und Zeitschriften. Ihre Verteilung von Texten und Bildern in Spalten über mehrere Seiten macht eine umfangreiche Nachbearbeitung notwendig. Welches Verfahren man benutzt hängt von Menge und Art der Daten ab. Völlig fehlerfrei ist keines der beiden Verfahren, irren ist menschlich und der Computer ist auch nicht allmächtig. Ein kleiner Fleck und aus "Zeit" wird "Zelt". Dies bedingt eine recht aufwendige Nachkontrolle, die dazu beiträgt, daß OCR-Kosten heute häufig die Kosten der manuellen Erfassung in Ländern der Dritten Welt übersteigen. Insbesondere Bücher liegen manchmal auf Satzbändern oder Disketten vor. In diesem Fall können die Daten von diesen Bändern gelesen und von Steuerzeichen befreit werden.

Bilder müssen prinzipiell gescannt werden. Neben den oben erwähnten Scannern gibt es noch Dia-Scanner und die Möglichkeit, ein Bild mit einer Videokamera einzulesen. Gedruckte Bilder sind gerastert, die Qualität des gescannten Bildes ist deshalb nicht besonders zufriedenstellend. Die besten Ergebnisse erzielt man mit dem Dia-Scanner, weil das Original in dieser Form am genauesten ist. Entscheidend für die Wahl des Erfassungssystem ist dabei die spätere Anzeigequalität, d.h. mit wievielen Farben und Bildpunkten (Pixeln) das Bild schließlich auf dem Bildschirm präsentiert wird. Üblich sind Auflösungen zwischen ca. 300 x 300 Pixeln bis zu rund 1000 x 1000 Pixeln. Die Anzahl der Farben beginnt bei zwei (schwarz/weiß) und endet bei 16 Millionen verschiedenen Farbtönen. Musik digitalisiert man mit Hilfe eines Ton-Digitalisierers (Sound Digitizer). Je nach Qualität sind diese schon recht günstig zu erwerben. Bestimmend ist die Abtastfrequenz, d.h. wie oft in der Sekunde der Ton abgetastet (sample) wird und in welcher Genauigkeit (mit wieviel Bit). Der digitale HiFi-Ton der Audio-CD wird durch eine Sampling-Frequenz von 44,1 kHz mit 16 Bit pro Kanal erzeugt. Aber schon mit 11 kHz und 8 Bit Auflösung lassen sich zufriedenstellende Ergebnisse erzielen.

Nach der Erfassung der Daten müssen sie aufbereitet werden. Die Texte müssen in einheitliche Strukturen gebracht werden. Bei Bildern muß Ausschnitt, Größe und Auflösung bestimmt werden. Musik muß geschnitten werden. Dann erfolgt die Konvertierung ins gewünschte Dateiformat, z.B. von TIFF, das von Scannern geliefert wird, zu PICT, das erheblich weniger Speicherplatz benötigt. Dies ist auch der Zeitpunkt für eine eventuelle Datenkompression. Bilder lassen sich zum Beispiel stark komprimieren. Ein Beispiel sind Telefaxgeräte, die die Bilddaten komprimiert übertragen. Sie erzielen Kompressionsfaktoren von 5:1 bis 50:1. Es verwendet die Modified Huffman Technik. Die Kompression von Daten hat zwei positive Effekte, zum einen wird weniger Speicherplatz benötigt, zum anderen wird der Zugriff beschleunigt. Dieser Zeitgewinn ist das Hauptargument für die Kompression, gegen sie spricht der Aufwand des Komprimierens und Dekomprimierens. Für Texte und Töne existieren andere Verfahren.

4.5 Indexierung

Handelt es sich bei der CD-ROM um eine Datenbankanwendung, muß, wie oben bereits erläutert, ein Index erstellt werden. Dabei wird eine alphabetisch sortierte Liste angelegt, in der jedes Wort und dessen Auftreten verzeichnet wird. Für den Aufbau dieser Liste gibt es verschiedene Strategien. Um an dieser Stelle keinen Grundkurs in Informatik abzuhalten, wird der prinzipielle Aufbau vereinfacht dargestellt.

Zuerst einmal wird jedem Text oder Dokument eine Nummer zugeordnet, d.h. sie werden aufsteigend numeriert. Der Index ist jetzt die alphabetisch sortierte Liste aller in den Texten vorkommenden Worten. Zu jedem Wort gibt es eine Liste von Textnummern; es sind die Nummern der Texte, in denen das Wort auftritt. Mit dieser Information ist ein vollständiges boolesches Retrieval möglich. Zur genaueren Bestimmung des Auftretens, können zusätzliche Informationen abgelegt werden. Im Allgemeinen sind dies Wortnummern. Die Liste von Textnummern wird also zu einer Liste von Text-Wortnummernpaaren erweitert. Ein Beispiel, um das nicht graue Theorie werden zu lassen:
Der Indexausschnitt

Meier   5/13 7/129 7/313

bedeutet, daß das Wort "Meier" im 5. Text als 13. Wort auftritt, ebenso im 7. Text als 129. und als 313. Felder werden meist als Präfix am Wort implementiert. Ein Indexausschnitt sieht dann etwa so aus:

Autor.Meier   5/13 7/129
Titel.Meier   7/313

Der Index trennt sich dadurch automatisch in die Teilindizes der Felder, auf denen individuell gesucht werden kann.

Ein guter Index strukturiert seine Einträge sehr komplex um einen raschen Zugriff zu gewährleisten und komprimiert die Daten. Welcher Index wie realisiert wird gibt keine Firma bekannt, es ist das jeweils bestgehüteste Geheimnis, das Kapital.

Jede Datenbank hat andere Felder, die Interpretation von Textnummer, Wortnummer ist unterschiedlich. Dies führt dazu, daß die Indexierung von Daten in den meisten Fällen vom Softwarehaus durchgeführt wird. Einige Firmen sind aber auch schon dazu übergegangen, Autorensysteme herauszugeben, mit denen dann Drittfirmen den Index selbst erstellen können. Diese Autorensysteme müssen einmal gekauft werden, und für die damit produzierten CD-ROMs werden Lizenzgebühren erhoben. Eine Eigenproduktion mit einem Autorensystem setzt einiges an Erfahrung voraus. In Kapitel 5 wird näher auf dieses Thema eingegangen.

4.6 Retrieval

Die zweite Hälfte der Datenbanksoftware ist der Retrievalteil, der den Index interpretiert. In dem Begriff 'Retrievalsystem' ist der Indexierungsteil meist eingeschlossen. Dies liegt daran, daß ein Teil ohne den anderen keinen Sinn macht und im Retrieval die Fähigkeiten des gesamten Systems sichtbar werden. Hier ist aber jetzt nur die Suchsoftware (search engine) gemeint. Die Auswahl des Retrievals findet schon in der Konzeptphase statt, an dieser Stelle ist die Realisierung einer Oberfläche auf der Basis des Retrievals das Thema. Die Schnittstelle eines Retrievals ist nicht standardisiert und wird sehr unterschiedlich implementiert. Es soll deshalb darauf verzichtet werden, diese zu beschreiben. Was den unterschiedlichen Systemen gemein ist, sind die Basisfunktionen. Sie machen das Prinzip deutlich.

- Primär muß ein Retrieval natürlich die Suche beherrschen. Die Aufgabe der Suche ist im Prinzip einfach: Man gibt Wörter ein und erhält als Ergebnis die Anzahl der Texte in denen die Wörter vorkommen. Das Geheimnis sind die Verfeinerungen. Je vielfältiger die Formulierungsmöglichkeiten sind, desto besser ist das Retrieval.

- Die Anzeige der Texte und die Markierung der gefundenen Wörter ist die zweite Hauptfunktion des Retrievals.

- Da es meist zu jedem Text einen Titel gibt, ist die Anzeige der Titel der gefundenen Texte in einer Auswahlliste gefordert.

- Die Anzeige des Indexes, also der alphabetischen Liste aller vorkommenden Worte ist eine wesentliche Erleichterung bei der Suche.

- Der Wechsel zwischen verschiedenen Datenbanken ist dann wichtig, wenn es eine Gruppe von ähnlichen Datenbanken gibt, die unter einer Oberfläche gemeinsam bearbeitet werden sollen.

- Es fehlt als letztes die Möglichkeit, verschiedene Funktionalitäten des Retrievals einstellen zu können. Als Beispiel sei hier nur die Einstellung der Sprache des Retrievals genannt, d.h. wird beim Und-Operator das enlische "AND" oder das deutsche "UND" verwendet.

4.7 Qualitätssicherung

Eine Selbstverständlichkeit bei der Erstellung einer CD-ROM muß die Qualitätssicherung sein. Diese findet auf mehreren Ebenen statt und ist auch abhängig von der Anwendung. Hier ein paar Tips.

Bei Datenbanken sollte nach der Indexierung unbedingt die Qualität der Stopwortliste überprüft werden. Worte, die mehr als 50 % aller Dokumente finden, gehören fast immer in die Stopwortliste, da sie zum Suchen untauglich sind und die Suche verlangsamen können. Wird eine CD-ROM kompatibel zu High Sierra bzw. ISO 9660 produziert, so ist zu prüfen, ob die Dateinamen den Konventionen entsprechen. Nicht vergessen darf man, daß die CD-ROM ein schreibgeschütztes Medium ist, Temporärdateien müssen woanders angelegt werden. Des weiteren hat die CD-ROM ein anderes Zeitverhalten als Festplatten, sie ist wesentlich langsamer. Man sollte mit einer Simulation die späteren Geschwindigkeiten überprüfen, um zu sehen, ob diese in erträglichen Grenzen bleiben. Für alle diese Maßnahmen ist der Publisher, der in Kapitel 6 beschrieben wird, das geeignete Werkzeug. Sind Programme auf der CD-ROM enthalten, so muß unbedingt eine Überprüfung auf Computer-Viren gemacht werden. Ich habe es schon selbst erlebt, daß Betriebssysteme vom Hersteller mit Viren ausgeliefert wurden, also Vorsicht!

4.8 Premastering

Das Premastering umfaßt mehrere Stufen. Zuerst einmal werden die Daten in die logischen Strukturen gebracht, in der sie für Computer zugreifbar sein sollen. Dies kann ein Filesystem sein oder der High Sierra/ISO 9660-Standard. Hier enden die Fähigkeiten eines Publishers. Werden die weiteren Schritte an anderer Stelle vorgenommen, werden die Daten vom Publisher auf ein 9-Spur ANSI-Band mit 6250 byte per inch (bpi) geschrieben und verschickt. Dort werden diese Bänder gegebenenfalls wieder gelesen. Jetzt wird ein genaues Abbild der CD-ROM erzeugt, d.h. die Header, Fehlerkorrekturinformationen, Syncs, usw. werden erzeugt. Dieses Bit-Image wird schließlich auf ein U-Matic-Band geschrieben, welches den Premaster darstellt. Die auf dem Band enthaltenen Informationen repäsentieren die Pits und Lands, die später auf der CD-ROM stehen werden. Das Schreiben des U-Matic- Bandes kann mit dem CD Master gemacht werden.

4.9 Mastering

Das Mastern ist die Erstellung eines "Goldenen Vaters". Er besteht aus einer absolut ebenen, runden Glasscheibe, auf der sich eine Photoschicht befindet, die mittels eines Lasers belichtet wird. Nach dem Entwickeln werden die Informationen in Form von winzigen Vertiefungen auf der Photo-Resist-Schicht sichtbar. Dieses Verfahren ähnelt dem von schwarz/weiß-Photos. Auf die informationstragende Seite wird zuerst eine dünne Silberschicht aufgedampft und diese anschließend auf galvanischem Wege durch eine Nickelschicht verstärkt. Die hierbei entstandene Scheibe bezeichnet man als "Vater" (die Pits sind im Gegensatz zur späteren CD Erhöhungen). Von diesem Vater ausgehend werden mehrere Mütter hergestellt, bei denen die Pits Vertiefungen sind. Der letzte Schritt ist die Herstellung der Söhne, der eigentlichen Pressmatrizen. Sie sind wieder ein genaues Abbild des Vaters.

4.10 Vervielfältigung

Bei der Herstellung der CDs wird heißes Polycarbonat unter hohem Druck (130 bar) auf die Pressmatrize gespritzt, wodurch nach dem Abkühlen die Informationsmuster im Kunststoff "eingefroren" werden. Zur Sicherstellung einer einwandfreien Reflexion des Laserstrahls wird die CD mit einer hauchdünnen Aluminium- oder Goldschicht verspiegelt, auf die ein Schutzlack aufgetragen wird. Bei Betrachtung der sehr kleinen Strukturen auf den Scheiben ist es verständlich, daß dieser Prozeß nur unter extrem sauberen Bedingungen, in sogenannten Reinräumen, stattfinden kann.

4.11 Labels und CD-ROM-Aufdruck

Die Oberseite der CD kann mit einem beliebigen Aufdruck versehen werden. Er wird auf den Schutzlack aufgetragen. Die gesamte Oberfläche steht dabei zur freien Verfügung, das Presswerk benötigt lediglich einen reprofähigen Film.

4.12 Ungefähre Kosten

Die Kosten für die Softwareerstellung ist nicht einmal ungefähr anzugeben, sie hängen absolut vom Einzelfall ab. Für die Texterfassung muß zwischen 1 und 6 DM pro Din-A4-Seite bezahlt werden, Lizenzen für ein professionelles Retrieval liegen zwischen 50 und 500 DM je CD-ROM. Für Premastering und Mastering muß man derzeit mit ca. 6000 DM rechnen, jede CD kostet stückzahlabhängig zwischen 7 und 25 DM.

4.13 Systeme zur CD-ROM-Erstellung

Zur Erstellung von CD-ROMs kann ein erheblicher Aufwand an Technik notwendig sein, deshalb soll hier ein kleiner Überblick über die gebräuchlichsten Systeme gegeben werden.

Da CD-ROMs die recht hohe Speicherkapazität von mehreren Hundert MByte bieten, benötigt man zum Erstellen einen ähnlich großen schreibbaren Massenspeicher. Die naheliegendste Möglichkeit bietet hier eine entsprechend große Festplatte. Alternativ dazu ist auch der Einsatz einer Erasable Optical Disk möglich, wobei die Speicherkapazität auf zwei Seiten verteilt ist. Wird ein einziges Volume von über 400 MByte benötigt, so läßt sich das auf diesem Wege nicht realisieren. Der Vorteil der Erasable ist, daß ein abgeschlossenes Projekt in Form einer Cartridge gut archiviert werden kann und man wenn notwendig einen sehr schnellen Zugriff darauf hat. Vorteil der Festplatte ist die schnellere Zugriffszeit, preislich liegen beide Lösungen im gleichen Bereich von derzeit etwas mehr als 10000 DM.

Im Bereich der Bilderfassung existieren mehrere Lösungen. Die erste ist die Verwendung eines Scanners. Hier gibt es eine große Anzahl Anbieter. Die Leistungsfähigkeit eines Scanners hängt von der Auflösung und der Farbfähigkeit ab. Gute Farbscanner bieten zur Zeit eine Auflösung von 800 dpi (Dots Per Inch). Sehr wichtig ist jedoch auch die auf dem angeschlossenen Computer laufende Scan-Software. Hier sind die Qualitätsunterschiede sehr groß. Wichtig ist, wie die Speicherverwaltung im Programm gehandhabt wird, d.h. wird virtueller Speicher ermöglicht, gibt es eine Pre-Scan-Funktion, welche Bildverarbeitungsfunktionen sind realisiert und welche Dateiformate werden unterstützt. Das meiner Meinung nach gelungendste Softwarepaket in diesem Bereich auf dem Macintosh ist Cirrus von der Firma Softhansa.

Die zweite Möglichkeit ist der Einsatz eines Video-Framegrabbers mit einer guten Videokamera. Die Qualität eines so erfaßten Bildes ist nicht so gut wie bei einem guten Scanner, aber die Handhabung ist in manchen Fällen einfacher.

Die dritte Möglichkeit schließlich ist der Einsatz eines Dia-Scanners, der hervorragende Ergebnisse liefern kann.

Die Erfassung von Tönen, Sprache und Musik kann auf dem Macintosh mit MacRecorder und Soundedit sehr preiswert und einfach realisiert werden. Mit diesen Mitteln läßt sich eine für die meisten Anwendungen ausreichende Qualität erreichen. Für qualitativ hohe Ansprüche ist professionelle Studiotechnik notwendig, die in einem ganz anderen Kostenrahmen steht.

Texterfassung ist ein Thema mit zwei Varianten. Der konservative Weg besteht in der Beschäftigung von Datentypisten und ist oft auch die preiswerteste Möglichkeit. Der andere noch recht neue Weg ist die optische Zeichenerkennung. Dabei wird ein Text mit dem Scanner bildlich erfaßt und im Computer "gelesen", d.h. aus dem Bild wird wieder ein ASCII-Text. Da der Computer keine Zusammenhänge verstehen kann und elektronische Wörterbücher auch nicht sicherstellen können, daß der Text fehlerfrei gelesen wurde, ist noch eine umfangreiche manuelle Nachbereitung notwendig. Wenn Daten in irgendeiner Form elektronisch vorhanden sind, so ist jeweils eine individuelle Lösung der Datenerfassung bzw. Kovertierung zu realisieren.

Ein Schlüsselsystem beim Erstellen von CD-ROMs ist der sogenannte Publisher. Das beherschende System ist derzeit der CD Publisher von Meridian Data. Er beeinhaltet sehr große Festplattenkapazitäten, eine spezielle Steuermimik und eine Bandstation. Es existiert Treibersoftware für Macintosh und IBM PCs, mit der auch High Sierra und ISO 9660 Filesysteme nachgebildet werden können. Außerdem können sich die Publisher-Festplatten auf Wunsch wie CD-ROMs benehmen, d. h. sie sind schreibgeschützt und haben langsame Zugriffszeiten. Auf diese Art und Weise läßt sich das spätere Verhalten der CD-ROM simulieren. Nach dem erfolgreichen Check werden im Normalfall mit der Bandstation ANSI-9-Spur-Bänder gemacht, die an die Presswerke gehen. Ein weiteres Gerät von Meridian Data, der CD Master kann weitergehende Aufgaben übernehmen. Mit einem DAT-Rekorder lassen sich zum Datentrack noch Audio-Tracks auf die CD spielen. Mit einem eingebauten U-Matic-Rekorder kann der CD Master die Daten premastern und auf das U-Matic-Band ein genaues Abbild von Pits und Lands der CD schreiben. Außerdem ist Platz für eine Sony CDX-1 Laser Cutting Machine, ein Gerät, mit einzelne CD's erzeugt werden können. Dabei liegt der Preis einer "leeren" CD bei ca. $100, der CD-Sampler selbst kostet weit über 100000 DM.

5 Erfahrungen mit Autorensystemen

Da CD-ROM-Anwendungen sehr verschieden sein können, sollen hier erst einmal wichtige Grundbegriffe erläutert werden.

5.1 Multimedia

Die meisten Menschen stellen sich unter einem Computer immer noch einen riesengroßen Schrank mit vielen bunten, blinkenden Lämpchen und einem Terminal mit grüner Schrift auf schwarzem Hintergrund vor. Mal abgesehen davon, daß Computer heute teilweise in der Reisetasche transportiert werden können und selten blinken, stimmt das mit dem schwarz-grünen Monitor auch nicht mehr. Multimedia hält Einzug in den Computerbereich; Multimedia ist die Verknüpfung von Texten, Farbbildern, Animation, Tönen und Sprache, der Computer als "interaktiver Fernseher". Zur Verdeutlichung ein Beispiel: Eine denkbare Applikation wäre eine Datenbank über Musikgruppen und Musikkünstler, wobei die Nutzer in Schallplattenläden zu finden wären. Die Datenbank wäre Bestandteil einer "Point of Sales"- (POS) oder "Point of Information"-Lösung. POS heißt "am Ort des Verkaufs" und besagt, daß das POS-Gerät, das ist in diesem Falle das CD-ROM-System, im Geschäft steht.

Während auf einem Teil des Bildschirms - Fenster genannt - Daten, wie der Lebensweg oder Zitate, gezeigt werden und in einem zweiten Fenster das Foto des Musikers präsentiert wird, könnte im Hintergrund ein Musikstück, sogar als Videoclip, laufen. Eine solche Datenbank läßt sich mit der heute verfügbaren Technologie, d.h. mit

• einem Personal Computer zur Darstellung der Textdaten und Bilder,
• einer CD-ROM und dem dazugehörigen Laufwerk für die Datenbank,
• der Datenbanksoftware,
• einer optional Bildplatten- oder Audio-CD Juke Box für die Musikstücke
  und Videos,
• einer optional HiFi-Stereoanlage für die Musikstücke und einem
  Videobildschirm (Fernseher) für die Videos verwirklichen.

Als Computer kämen derzeit ein PC-AT unter dem Betriebssystem MS-
DOS oder ein Apple Macintosh II in Frage. Der Macintosh ist für derartige
Aufgaben sicherlich besser geeignet, da die erforderliche Hard- und
Software bereits zur Verfügung steht. Der deutlich preiswertere PC-AT
hingegen wird wegen seiner Verbreitung hauptsächlich bei Text-
datenbanken eingesetzt.

Eine leider nicht vollständige Zusammenstellung von Autorensystemen,
also der Datenbanksoftware, folgt im Laufe dieses Kapitels. Während des
Schreibens dieses Buches wurden einige neue Programmpakete
angekündigt, die aber nicht mehr ins Buch aufgenommen werden konnten.
Informationen und Testberichte über die nicht in diesem Buch behandelten
Systeme sind den Fachzeitschriften (siehe Quellenhinweise) zu entnehmen.

5.2 Interaktivität

Interaktivität ist die Möglichkeit, durch Kommunikation mit einem System
dessen Funktion zu steuern. Klingt kompliziert, ist aber ganz einfach.
Läuft im Fernsehen ein Spielfilm, kann ich dessen Ablauf nicht verändern.
Entweder sehe ich ihn mir an oder ich schalte aus, und wenn es eine
Wiederholung ist, so werden sie sie am Ende wieder heiraten, genau wie
bei der Erstausstrahlung. Das ist fehlende Interaktivität. Kann ich den
Ablauf verändern, wie zum Beispiel bei Abenteuerspielen, dann spricht
man von Interaktivität. Eine Multimedia-Anwendung kann durchaus als
"Interaktiver Spielfilm" betrachtet werden. Als gutes Beispiel kann hier
die "Apple Learning Disc" dienen. Sie enthält unter anderem eine Tour
durch die amerikanische Geschichte, die abläuft wie eine Film, technisch
nicht so brilliant, aber interessant. Im Gegensatz zu einem Film kann diese

Tour jederzeit unterbrochen werden, um an einer anderen Stelle fortgeführt zu werden, Hintergrundinformationen stehen zur Verfügung und logische Verbindungen zwischen unterschiedlichen Teilen dieser Tour. Das Ansehen eines Films ist eine sehr passive Sache, eine interaktive Multimedia-Applikation hingegen eine Art "Entdeckungsreise". Wissenschaftliche Untersuchungen haben ergeben, daß sich der Mensch 25 % dessen, was er hört, merkt. Von dem, was er sieht, sind es schon 40 %, aber von dem, was er tut, sogar 60 %. Hierin ist ein Hauptargument für Interaktivität zu sehen.

5.3 Hypermedia

In den sechziger Jahren entwickelte Ted Nelson eine revolutionär neue Methodemit Texten auf Computern umgehen zu können.

Die sequentielle Anordnung von Worten ist seiner Meinung nach vom Papier aufgezwungen. Der Computer als alternatives Mediumkann jedoch Seitengedanken, übergreifende Zusammenhänge oder Quergedanken berücksichtigen. Dazu werden "HyperLinks" in den Text montiert, die ein sofortiges Umschalten zu einem anderen Textteil ermöglichen. In großen Hypertext-Netzwerken, von denen Nelson schon damals schwärmte und die heute in der Entwicklung sind, kann auf Grund solcher Verweise die Entstehungsgeschichte neuer Ideen und wissenschaftlicher Theorien verfolgt werden.

Da auf CD-ROM nur unveränderliche HyperLinks Verwendung finden, ist Hypertext recht einfach und schnell in eine Applikation einbindbar. Die Erstellung der HyperLinks ist manuell vorzunehmen, Werkzeuge hierfür sind z.B. Apple's HyperCard oder Guide. Die Kombination von Multimedia und Hypertext schließlich bezeichnet man als Hypermedia.

5.4 Multimedia-Autorensysteme

Im folgenden sollen die bekannteren, derzeit verfügbaren und für CD-ROM-Anwendungen tauglichen Autorensysteme für Multimedia beschrieben werden. Diese sind:

* HyperCard
* HyperAnimator
* Plus
* SuperCard
* VideoWorks und Director

Diese Entwicklungsumgebungen sind nur für den Macintosh zu haben.

5.4.1 HyperCard

HyperCard ist der Wegbereiter für Multimedia schlechthin. Entwickelt
wurde es im Laufe von 2 1/2 Jahren in Eigenregie von Bill Atkinson, einem
Apple-Entwickler. Bill Atkinson gehörte zur Kernmannschaft bei der
Entwicklung des Macintosh, zu dem er QuickDraw, das Graphikpaket,
beisteuerte. Zudem entwickelte er das Graphikprogramm MacPaint, eines
der bekanntesten Programme dieser Art für den Mac. Das 1987 erstmals
vorgestellte HyperCard wird beim Kauf eines Macintoshs kostenlos
mitgeliefert, die dadurch erreichte Verbreitung dieses Programmes ist sehr
hoch.

Bild 5.1. HyperCard

HyperCard-Dokumente sind sogenannte "Stacks" (zu deutsch Stapel). Ein Stack ist eine Sammlung von "Cards", also ein Stapel von Karten. Diese Karten haben immer genau die gleiche Größe wie der Bildschirm eines Macintosh Plus oder SE. Sie enthalten die Daten eines Stapels in Form von Text und Graphik, jedoch werden lediglich Schwarz-Weiß-Graphiken unterstützt. Es gibt aber mittlerweile einige Programmerweiterungen von Drittfirmen, wie z.B. HyperWindows, die Farbe ins Spiel bringen.

HyperCard unterscheidet zwischen fünf Bedienungsebenen, mit denen die Zugriffsmöglichkeiten auf Informationen geregelt werden:

1. Blättern innerhalb des Stacks,
2. Schreiben in Textfeldern,
3. Zeichnen,
4. Gestalten von Stacks,
5. das Programmieren.

Bild 5.2. Der APA-Guide

Jede Ebene stellt andere Zugriffsberechtigungen zur Verfügung, wobei
die der darunterliegenden Ebenen immer enthalten sind. In Ebene fünf ist
also alles erlaubt. Beim Blättern kann der Benutzer nur HyperCard-
Dokumente betrachten, jedoch nicht ändern. Beim Schreiben kann er dann
schon Texte in eine Karte schreiben und beim Zeichnen auch die Karte
graphisch modifizieren. Ab Ebene vier, dem Gestalten, kann er dann
Verbindungen, die Links, zwischen verschiedenen Karten erzeugen bzw.
ändern. Damit ist in diesem Modus schon die Erstellung von Hypertext-
Dokumenten möglich.

HyperCard stellt als fünften und höchsten Modus eine Sprache zur
Programmierung von Stacks zur Verfügung: HyperTalk. HyperTalk ist
eine objektorientierte Interpretersprache. Objekte sind Textfelder, Buttons
(Knöpfe), Cards, Backgrounds (Hintergründe) und der Stack selbst. Mit
HyperTalk hat man die vollständige Kontrolle über einen Stack. Von hier
aus kann nun auch Ton ausgegeben werden. HyperCard stellt eine
Schnittstelle für externe Programme zu HyperTalk zur Verfügung, die
"External Commands" (XCMDs) und "External Functions" (XFCNs).
XCMDs und XFCNs sind in einer Compilersprache oder Assembler
erstellte Programme, durch die HyperTalk erweitert werden kann.

Mit Hilfe von XCMDs und XFCNs sind verschiedenste Erweiterungen
von HyperCard denkbar, auch für Multimedia. Macromind bietet z.B. ein
XCMD an, mit dem Animationen, die mit VideoWorks oder dem Director
aus dem gleichen Hause erstellt wurden, abgespielt werden können.
VideoWorks und der Director werden im Kapitel 5.4.4 noch näher
beschrieben. Auch zur Ausgabe von Farbbildern unter HyperCard werden
XCMDs und XFCNs angeboten. Ein Projekt, das hier noch beschrieben
wird, der APA-Guide, wurde mit HyperCard realisiert. Farbfotos wurden
hierfür eingescannt, nachbearbeitet und dann vom APA-Guide mit
HyperWindows™ auch in Farbe auf dem Bildschirm dargestellt. Eine
weitere interessante Unterstützung durch externe Routinen ist der
HyperAnimator. Mit ihm lassen sich sprechende Köpfe, d.h. Animation
und Sprache, synchronisiert auf dem Bildschirm darstellen. Der
HyperAnimator wird später noch ausführlicher besprochen.

Um die Entwicklung von multimedialen Datenbanken für CD-ROM unter
HyperCard repräsentativ aufzuzeigen, soll hier nun die Erstellung der

Demonstration eines mehrsprachigen, multimedialen Reiseführers
beschrieben werden. Die Datenbank ist eine Übertragung eines Reiseführers
und lief unter dem Arbeitstitel Apa-Guide. Er enthält jedoch auch einige
zusätzliche Leistungsmerkmale, die die Druckmedien nicht leisten können.
Der Apa-Guide umfaßt:

• zu einem großen Teil Auszüge aus dem Bangkok-Guide,
• Auszüge aus dem Südasien- und dem Südostasien-Führer,
• ein Landkartensystem über das in die Gebiete "hineingetaucht" werden
  kann, über die der Benutzer informiert werden will.

Im groben werden folgende Funktionen zur Verfügung gestellt:

• zum Zoomen der Landkarten,
• Blättern innerhalb eines Kapitels,
• Suchen von Wörtern, Wortketten und Zeichenketten innerhalb eines
  Kapitels oder dem ganzen Reiseführer,

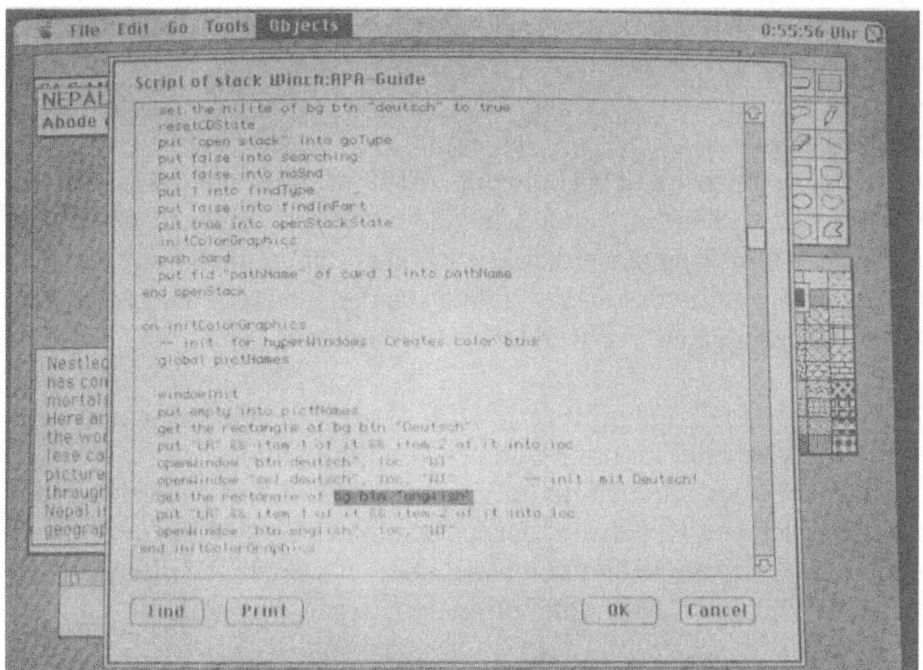

Bild 5.3. Arbeiten am APA-Guide

- Wechseln der Sprache,
- Verzweigen durch Hypertext,
- Erläuterung der Bedienung.

Der APA-Guide präsentiert Informationen über verschiedene asiatische Länder und Städte. Zu jedem Kapitel gibt es eine Reihe von Karten, die neben dem Text auch meistenteils ein Farbbild als Information enthalten. Das Gros des APA-Guides bildet jedoch der Bangkok-Guide. Daher wurde dieser nochmals in einzelne Themen aufgeteilt, unter anderem eine Sight-Seeing Tour, Geschichte, Kultur, Nachtleben usw.

Die Entwicklung des APA-Guides kann in sieben Stufen aufgeteilt werden:

1) Bild- und Textredaktion
Originaltexte und Bilder konnten aus den Buchausgaben übernommen werden. Da das Projekt erst einmal als Demonstration verwirklicht wurde, konnte nur ein repräsentativer Anteil des Originals übertragen werden, d.h. etwa 10% vom Bangkok-Guide. Da zu möglichst jeder Karte eines Kapitels ein Bild angezeigt werden sollte, liegt der Anteil der Bilder mit ca. 30 % deutlich höher. Ziel bei der Auswahl war es, den "Charakter" des Buches auch auf die CD-ROM-Version zu übertragen.

2) Erfassung
Die Texte mußten nicht mehr extra erfaßt werden, da sie schon auf Datenträgern vorhanden waren. Die Bilder mußten hingegen mit einem Farbscanner eingescannt werden. Die Bildqualität litt unter der Tatsache, daß keine Originalfotos zur Verfügung standen, sondern die gerasterten Bilder aus den Büchern verwendet werden mußten.

3) Design des Kartenhintergrundes, der Landkarten und der Bedienungselemente für das Menü des Bangkok-Guides.
Zum Zeichnen des Kartenhintergrundes und der Landkarten genügten die Möglichkeiten von HyperCard. Da lediglich drei Landkarten gezeichnet werden mußten, konnte dies von Hand erledigt werden. Die Buttons des Menüs wurden mit dem Graphikprogramm Studio/8 erstellt.

4) Nachbearbeitung der gescannten Bilder

Da die gescannten Bilder oftmals nicht genau den gewünschten Auschnitt zeigten und die Größe selten stimmte, mußten sie nachbearbeitet werden. Auch dies konnte mit Studio/8 erledigt werden.

5) Aufzeichnung und Bearbeitung von Sounds und Musik

Die Erfassung von Tönen erfolgte mit dem MacRecorder, einem Sounddigitizer, der es ermöglicht, Sounds mit max. 22 KHz bei 8 Bit Tiefe zu sampeln. Die Probleme, die durch Urheberrechte bei Musik enstehen können, umging man damit, daß zwei Musiker noch nicht veröffentlichte Musikstücke zur Verfügung stellten.

6) Programmierung der Datenbankoberfläche

An die Programmierung wurden in Hinblick auf Integration und Synchronisation von Bild, Text und Sound hohe Anforderungen gestellt. Hier zeigte sich, daß zur Realisierung von derartigen Applikationen einige Erfahrung mit HyperCard und mit der Entwicklung von Software allgemein erforderlich sind. Eine der zentralen Forderungen war die Mehrsprachigkeit, wobei ein Wechseln der Sprache jederzeit möglich sein sollte. Eine variable Anzahl von Textfeldern mußte angezeigt oder versteckt werden. Prinzipiell läßt sich ein Texfeld über eine globale ID, eine lokale Nummer oder einen Namen referenzieren.

Es bot sich die Lösung an, jedem Textfeld einen funktionalen Namen zu geben. Das letzte Wort des Namens gibt an, zu welcher Sprache der Text gehört, z.B. "english" für Englisch oder "german" für Deutsch. Alle Felder, die keinen Namen haben, werden immer angezeigt, egal in welcher Sprache der Text vorliegt, den dieses Feld enthält. Jedesmal wenn nun eine Karte angesprungen wird, prüft eine Routine welche Felder anzuzeigen sind und welche nicht.Um diese Routine nur einmal schreiben zu müssen, konnte eine Fähigkeit des objektorientierten HyperCards genutzt werden. Alle Karten haben den gleichen Hintergrund. Eine Plazierung an dieser Stelle bewirkt, daß sie für alle Karten gilt.

7) Integration und Synchronisation der Medien

Da die Übertragung des Textes, der Bilder und des Sounds von Mitarbeitern erfolgen sollte, die nicht die Programmierung in HyperTalk beherrschten, mußten verschiedene Vorkehrungen getroffen werden. Es mußte z.B. ein

Textfeld für die Bilder angelegt werden, in dem der Dateiname und die Position der Bilder auf dem Bildschirm angegeben werden konnte. Das gleiche galt auch für den Ton, der nach dem Öffnen der Karte gespielt werden soll. Da die Integration von Text und Bildern wieder von verschiedenen Mitarbeitern erfolgte, erhielt jede Karte einen Arbeitstitel. HyperCard ist auf CD-ROM schon sehr verbreitet. Beispiele hierfür sind die Apple Explorer CD-ROM, die Manhole CD-ROM, und die Mac e.V.-CD-ROM, eine CD-ROM mit mehr als 230 MByte Public Domain Software und der Demo-Sampler "Archive One".

Die Explorer CD-ROM ist eine sehr interessante Sammlung von mehreren Demonstrationen für CD-ROM Anwendungen, unter anderem:

- einer Medline Bilbliothek. Die Medline-Datenbank ist eine der wichtigsten On-Line-Datenbanken im medizinischen Sektor. Sie enthält die Zitate von praktisch allen medizinischen Zeitschriften,
- einem Planetenatlas, genannt "Star Date" (Bild 5.4), der Photos von allen bekannten Planeten des Sonnensystems, mehreren Monden und der

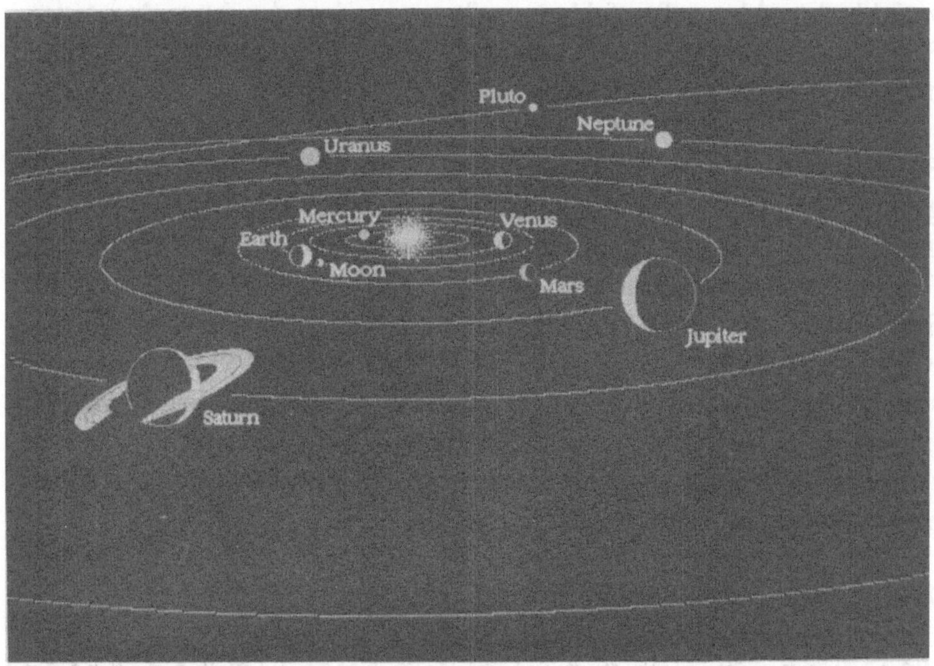

Bild 5.4. Star Date

Sonne enthält und mit VideoWorks Interactive erstellt wurde. Zu jedem Bild kann sich der Benutzer Erklärungen anhören, die in CD-Audio-Form vorliegen und über Kopfhörer oder Stereoanlage angehört werden können,
- mehrere Musikstücke, die direkt von HyperCard ausgewählt und angehört werden können. Auch diese Musikstücke sind als CD-Audio auf der CD untergebracht.

Alle Demonstrationen werden über einen HyperCard-Stack angesteuert.

Die Mac e.V.-CD-ROM, die das CD-ROM-Haus Lasec zusammen mit dem Mac e.V., dem größten deutschen Macintosh User Club, erstellte und publizierte, enthält einen interaktiven Katalog unter HyperCard. Mit diesem Katalog kann man sich über jedes der Produkte informieren und von dort aus auch starten. Bemerkenswert an dieser CD-ROM ist, daß auch ein Katalog mit dem Umfang eines voll gefüllten DIN A4 Ordners mitgeliefert wird, in dem nochmals alle Programme, und was es sonst noch auf der CD-ROM gibt, beschrieben sind.

HyperCard wird auch als Front-End für Bildplatten-Anwendungen eingesetzt. Ein Beispiel hierfür ist der "Electric Cadaver". Bei dieser CD-ROM steuert HyperCard eine aus Röntgenbildern des menschlichen Körpers bestehende Bilddatenbank auf einer Bildplatte, die in der Hochschullehre eingesetzt wird.

5.4.2 HyperAnimator

In Hinblick auf multimediale Benutzeroberflächen ist der HyperAnimator wegweisend. Mit ihm lassen sich sprechende Köpfe, auf dem Bildschirm darstellen, d.h. Animation und Sprache werden synchronisiert. Der Animator besteht zum einen aus:

- einer Reihe von Routinen, um von HyperCard aus die Animationen zu aktivieren,
- einem Stack, mit dem die "Actors" erstellt und ausgetestet werden können. Ein Actor ist die Beschreibung des zu animierenden Objektes.

Der Idee des HyperAnimators liegt zugrunde, daß beliebige Texte von einer Person, die auf dem Bildschirm erscheint, gesprochen wird, wobei

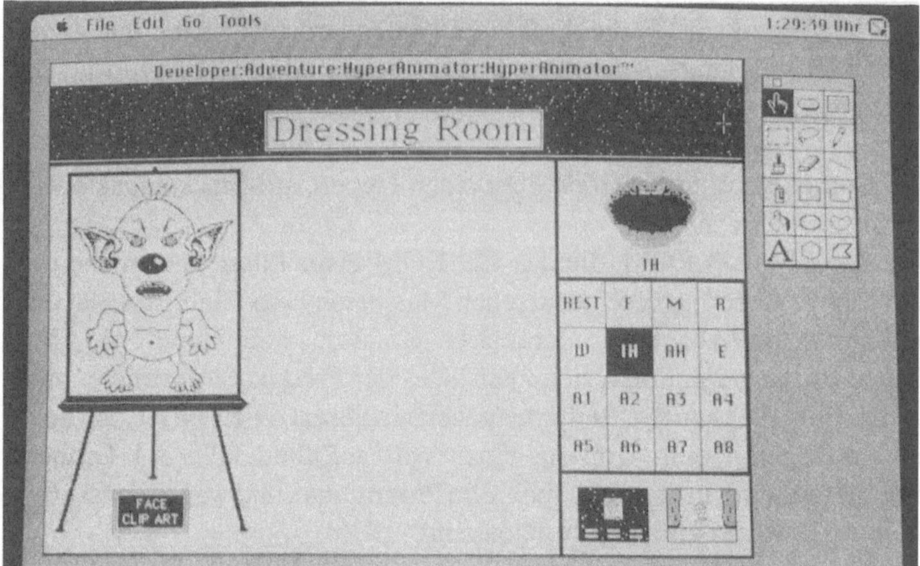

Bild 5.5. Der HyperAnimator

sie (Mund-) Bewegungen ausführt. Die Bewegungen können durch zwei
verschiedene Methoden mit dem Text synchronisiert werden:

- Durch die Angabe eines Textes, der gesprochen werden soll. Der Text
  wird dann mit dem Sprachsynthesizer MacinTalk in Sprache und Ton
  umgesetzt. Dieser kennt nur englische Phoneme. Qualitätshemmend ist
  dabei der Umstand, daß Betonungen keine Berücksichtigung finden.
- Durch die Kopplung von gesampelten Sounds und der Erstellung der
  dazugehörenden Phoneme. Die Qualität wird mit dieser Methode deutlich
  gesteigert, genauso allerdings auch Aufwand und benötigte Speicherkapazität.

Zur Synchronisation von Bild und Sprache wird ein Treiber namens
RAVE mitgeliefert. RAVE animiert den Actor auf dem Bildschirm mit
Hilfe der Phoneme. Für die Bewegungsabläufe können für jeden Actor 16
Einzelbilder generiert werden. Acht Bilder sind für die Basisphoneme

vorgesehen, die restlichen acht kann der Anwender frei verwenden. Vorstellbar wären z.B. ein Stirnrunzeln oder Augenzwinkern zwischen zwei Sätzen. Wird ein bestimmtes Phonem gesprochen, so wird das jeweilige Bild auf dem Bildschrim dargestellt.

Jedes Bild umfaßt die Größe von 160 x 128 Pixeln und kann beliebig auf einer HyperCard-Karte plaziert werden. Zum HyperAnimator wird ein Stack geliefert, mit dem die Zeichnungen zu dem Actor erstellt werden. Für die vorgegebenen und auch für die zusätzlichen Phoneme steht eine Bibliothek von Darstellungen für Mund, Nase, Augen und Ohren verschiedenster Form zur Verfügung. Da der HyperAnimator derzeit nur in einer S/W-Ausführung erhältlich ist und die Größe der Animation auf dem Bildschrim auf einem relativ kleinen Ausschnitt begrenzt ist, reichen die 16 Einzelbilder für jeden Actor auch aus.

Angekündigt ist auch eine Version für SuperCard, die dann auch Farbe unterstützt.

Zum Schluß noch eine Übersicht über Vor- und Nachteile von HyperCard beim Einsatz auf CD-ROMs.

Vorteile
- großeVerbreitung (zu jedem Macintosh wird HyperCard mitgeliefert),
- Unterstützung von Apple,
- wird bereits auf CD-ROMs eingesetzt,
- einfache Handhabung,
- leistungsfähige Programmiersprache,
- vollständiger Zugriff auf alle Mac-Resourcen und Möglichkeiten zur Beschleunigung von Anwendungen durch XCMDs und XFCNs, die in einer Compilersprache oder in Assembler programmiert werden.

Nachteile
- Farbe kann nur über XCMDs und XFCNs dargestellt werden,
- auch Animationen lassen sich nur über XCMDs/XFCNs darstellen,
- die Größe der Darstellung ist auf die Größe des Bildschirms des Macintosh Plus beschränkt,
- es kann immer nur eine Karte und ein Stack gleichzeitig bearbeitet werden,

- alle Textattribute, wie Größe, Schriftart, Unterstreichung sind in einem Textfeld einheitlich, d.h. es ist nicht einfach möglich, ein Wort kursiv oder fett zu schreiben,
- es können keine eigenen Menüs erstellt werden,
- insgesamt sind HyperCard-Stacks nur wenig "Macintosh-like",
- Programmtexte können nicht vor den Zugriff Dritter geschützt werden, da HyperTalk ein Interpreter ist,
- die Unterstützung zur Entwicklung von Stacks mit vielen Objekten, wie dem Apa-Guide, ist unzureichend.

Mitte 1989 sind zwei Weiterentwicklungen von HyperCard auf dem Markt erschienen.

5.4.3 Plus

Diese Weiterentwicklung von HyperCard kann zumindest teilweise die Beschränkungen von HyperCard aufheben. Plus unterstützt farbige Graphiken, dabei kann die Größe einer Karte variieren.

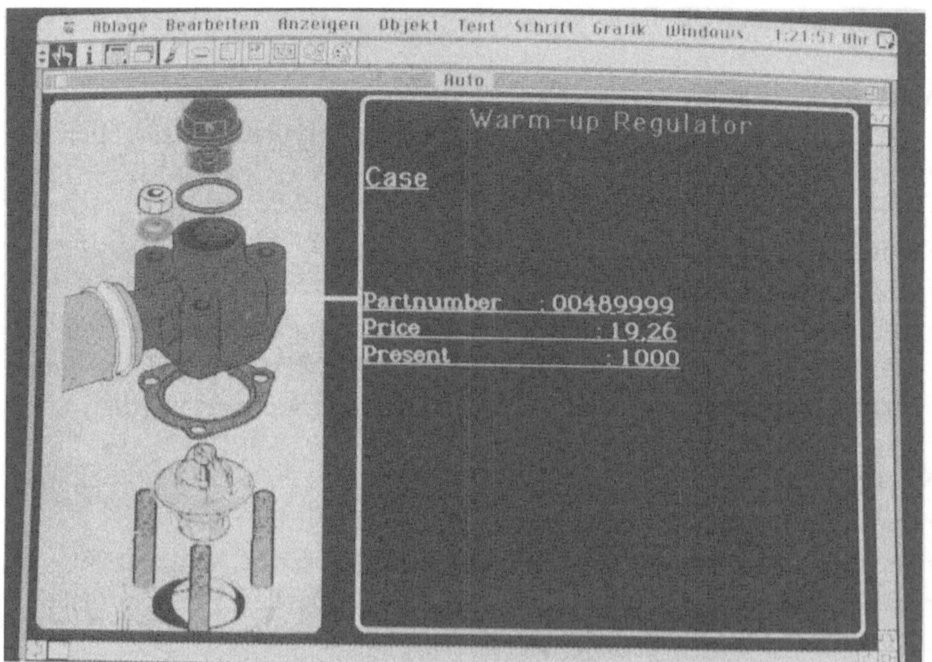

Bild 5.6. Eine Anwendung unter Plus

Plus wurde von der Kölner Softwarefirma Format entwickelt und erschien im Juli '89 auf dem Markt. Die Oberfläche und Struktur entspricht tatsächlich einer Weiterentwicklung von HyperCard. Die Strukur eines Stacks unter Plus ist weitgehend identisch mit der unter HyperCard. Die Erweiterungen beschränken sich im großen und ganzen, neben der Farbe und den beliebig großen Fenstern, auf einige zusätzliche Kartenobjekte. Neben Textfeldern und Buttons gibt es nun noch "Draw"-, "Paint"-, "Wordprocessing"- und "Database"- Objekte, die nun farbig sein können.

Das Database-Feld ist ein Textfeld, das nur Texte in einem bestimmten Format annimmt, so wie man das auch von Tabellenkalkulationen gewohnt ist. Auch das Wordprocessing-Feld ist ein Textfeld. In diesem Feld können Textteile beliebig und voneinander unabhängig formatiert werden. Ein Paint-Objekt ist eine pixelorientierte Graphik. Ihre logischen Grenzen können im Gegensatz zu HyperCard-Objekten unregelmäßig sein, was eine außerordentliche Vereinfachung darstellt. Draw-Objekte sind ähnlich zu den Paint-Objekten Graphiken. Der Unterschied liegt darin, daß Draw-Objekte nicht als Bitmap gespeichert werden, sondern als Funktionsbeschreibung. Dies bringt vor allem Vorteile bei der Ausgabe auf Druckern oder Belichtern, da so Draw-Objekte in der für das einzelne Ausgabegerät bestmöglichen Qualität präsentiert werden können. Für ein Programm, daß nicht in erster Linie zum Graphikbereich zu zählen ist, bietet Plus erstaunlich viele Features. Für die Distribution von Plus-Stacks gibt es eine lizenzfreie, beschränkte "Runtime-Version", die die Benutzung eines Stacks, nicht aber dessen Bearbeitung erlaubt.

Auch hier wieder eine Zusammenstellung von Vor- und Nachteilen.

Vorteile
- einfachere Handhabung als bei HyperCard,
- alle HyperCard-Stacks können direkt von Plus geöffnet und bearbeitet werden, wobei nur wenige Sprachelemente von HyperCard nicht erkannt werden,
- leistungsfähige Programmiersprache,
- zusätzliche Objekte für Text und Graphik,
- vollständiger Zugriff auf alle Macintosh-Resourcen und schnellerer Zugriff auf XCMDs und XFCNs,
- Farbe,

• variable Fenstergröße,
• freie Textgestaltung.

Nachteile
• die gleichzeitige Bearbeitung mehrerer Karten ist nicht möglich,
• Animationen lassen sich nur über XCMDs/XFCNs darstellen,
• es können keine eigenen Menüs erstellt werden,
• Programmtexte können nicht vor den Zugriff Dritter geschützt werden,
  da Plus ein Interpreter ist,
• unzureichende Verwaltung großer Mengen von Objekten,
• keine direkte Unterstützung von Apple,
• keine Erfahrung beim Einsatz auf CD-ROMs,
• der Bildaufbau von Farbgraphiken ist relativ langsam,
• Beschränkungen der Farbpaletten, d.h. Bilder mit eigener Palette können
  zwar importiert werden, es erfolgt aber eine Umsetzung auf die
  Standardpalette.

5.4.4 SuperCard

SuperCard ist eine wirklich konsequente Weiterentwicklung von
HyperCard. Neben der Unterstützung von farbigen Graphiken und der
variablen Größe von Karten können mehrere Fenster auf dem Bildschirm
dargestellt und mehrere Stacks gleichzeitig geöffnet sein. SuperCard
erlaubt auch die Erstellung einer eigenen Menüzeile, zudem unterstützt
SuperCard auch Animationen, die im PICS-Format erstellt, importiert und
exportiert werden können. Das PICS-Format ist ein Macintosh-eigenes
Format, das auch 3D-Graphikprogramme wie Swivel 3D oder Pro 3D und
der Macromind Director exportieren können. PICS-Animationen sind
unter SuperCard nicht ausreichend schnell (etwa 1 bis 2 Frames pro
Sekunde bei einem Macintosh II). SuperCard kennt daher noch ein eigenes
Format für Animationen: das STEP-Format. Im STEP-Format sind die
Animationen ausreichend schnell, benötigen jedoch ein Vielfaches an
Speicher. PICS-Dateien können zu STEP-Dateien umformatiert werden.
Bei SuperCard sind das Autorensystem - SuperEdit - und das Laufzeitsystem
- SuperCard - getrennt. Unter SuperCard werden die Stacks mit Hilfe von
SuperEdit erstellt und programmiert. Die Stacks werden unter SuperCard
als Projects bezeichnet. Erst mit SuperCard selbst können diese Projects
dann ausgeführt werden. Um wie bei HyperCard und Plus bei der

Ausführung gestalten und programmieren zu können, wird ein Stack namens "Runtime Editor" mitgeliefert.

SuperCard wurde von der kalifornischen Softwarefirma Silicon Beach entwickelt und erschien Anfang Juli '89 auf dem Markt. Begründet durch die neuen Möglichkeiten fallen die Unterschiede bei der Benutzung und im Aufbau der Stacks gegenüber HyperCard wesentlich größer aus als bei Plus. Ein SuperCard-Stack kann mehrere Fenster verwalten. Zusätzlich zu den Buttons und Textfeldern wurden wie bei Plus "Draw"- und "Paint"-Objekte eingeführt. In Textfeldern dürfen bei SuperCard-Stacks Teile des Textes unabhängig voneinander formatiert werden.

Die Gestaltungsmöglichkeiten von Karten sind dem SuperPaint aus dem gleichen Hause angelehnt. Jedes Objekt hat eine vorgegebene Größe. Daher gibt es auch keine Graphik der Karte oder des Hintergrunds, sondern nur noch Graphikobjekte. Diese Art der Gestaltung von Graphik findet man auf dem Macintosh relativ selten und ist weniger einfach zu

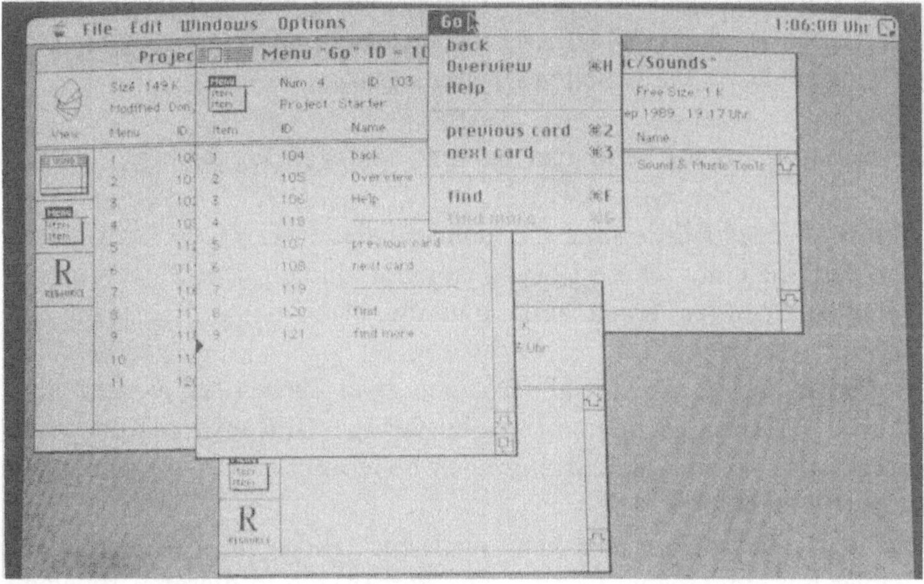

Bild 5.7. Arbeiten mit SuperCard

erlernen. Texte können auch unter SuperEdit in Textfelder eingegeben und formatiert werden. Die neuen Eigenschaften von Objekten sind recht vielfältig. So kann der Schatten für jedes Objekt in Größe und Stärke variieren. Auch die Art, wie ein Objekt darunterliegende Objekte verdeckt, kann spezifiziert werden.

Die weiteren Graphikmöglichkeiten sind z.T. noch vielfältiger als bei Plus. So können unter SuperCard neben dem PICT-Format auch Bilder im TIFF-Format importiert werden. Das TIFF-Format ist ein Standard-Format für gescannte Dokumente. Außerdem wird auch die Palette zu der PICT- oder TIFF-Datei mit importiert. Für gescannte Bilder ist die Verwendung einer eigenen Palette von Vorteil, da diese Bilder auf diese Weise wesentlich realistischer aussehen als mit einer Standardpalette. Die Palette wird beim Importieren in eine eigene Liste eingetragen. Jeder Karte darf eine Palette aus dieser Liste zugeordnet werden.

Die Anzeige mehrerer Bilder mit verschiedener Palette ist nicht ganz unproblematisch, da für die Darstellung auf dem Bildschirm nur eine Palette verwendet wird. Sollen mehrere Fenster mit verschiedenen Paletten angezeigt werden, benutzt SuperCard die Palette des obersten Fensters. Dadurch hat das Bild des oberen Fensters zwar die richtigen Farben, die in den darunterliegenden jedoch nicht. Dieses Problem ist nicht auf SuperCard beschränkt, sondern ist bei der Anzeige mehrerer Farbgraphiken mit verschiedenen Farbpaletten allgemeingültig.

Dieser Beschränkung kann man auf verschiedenen Wegen begegnen:

• Wird für jedes Bild immer die gleiche Palette verwendet, tritt dieses Problem nicht auf. Diese Lösung ist recht einfach, jedoch werden die Möglichkeiten der Farbdarstellung auf immer die gleiche Palette mit 256 Farben beschränkt.
• Beim Macintosh sind für alle Paletten zwei Farben fest vorgegeben: schwarz und weiß. Wird immer nur ein farbiges Bild auf dem Bildschirm dargestellt, können gleichzeitig noch beliebig viele s/w-Zeichnungen angezeigt werden.
• Zu dem eigentlichen Bild kann noch zusätzlich eine Farbpalette auf Papier mit eingescannt werden. Die Farben, die in dieser Farbpalette enthalten sind, können dann für Zeichnungen verwendet werden, die

zusätzlich zu dem eingescannten Bild angezeigt werden sollen. Diese Methode ist schwierig zu handhaben und funktioniert auch nur bei Aufsicht- und Flachbett-, jedoch nicht bei Diascannern.

- Eine weitere Möglichkeit ist, die Anzahl der Farben der Palette von vornherein vorzugeben, z.B. 8 Farbwerte (RGB) und 8 Graustufen. Nur die restlichen Farben werden dann von der Scannersoftware ermittelt. Es ist mir jedoch keine Scannersoftware bekannt, die diese Funktion zur Verfügung stellt.

SuperCard bietet eine wesentlich bessere Unterstützung für die Entwicklung von Stacks als HyperCard. Der Entwickler kann gleichzeitig mehrere Projekte bearbeiten. Zu jedem Projekt wird ein Fenster auf dem Bildschirm angezeigt. Über diesem Fenster können die einzelnen Fenster, Menüs oder Resourcen mit Nummer, Namen und ID aufgelistet und durch Auswählen bearbeitet werden.

Resourcen sind Elemente wie Icons, Fenster, Menüs oder Sounds. Beim Macintosh kann jede Datei, egal ob sie nur Daten enthält oder eine Applikation ist, solche Resourcen enthalten. SuperCard unterstützt diese Resourcen unverständlicherweise nicht, sondern verwendet ein eigenes, unzugängliches Format. Macintosh-Resourcen können importiert werden. SuperCard kennt nur Icons, Paletten, Cursor, Sounds, XCMDs und XFCNs. XCMDs, die auch andere Resourcen benötigen, wie z.B. HyperWindows oder der HyperAnimator, können daher nicht unter SuperCard genutzt werden.

Probleme können auch dadurch auftreten, daß der ganze Stack vor der Ausführung in den Arbeitsspeicher geladen wird. Ist der Stack größer als der verfügbare Speicher, so erhält man die Meldung, das der Speicher nicht ausreicht und die Ausführung des Stacks wird abgebrochen. Problematisch sind insbesondere Sounds, die relativ viel Speicherplatz benötigen.

Menüs lassen sich wie andere Objekte erstellen und programmieren. Zu jedem Menü-Element kann ein eigenes Programm angegeben werden. SuperCard kennt fast alle Möglichkeiten, die vom Macintosh bekannt sind.

Die Programmiersprache von SuperCard - SuperTalk - wurde gegenüber
HyperTalk um Funktionen zur Unterstützung der neuen Möglichkeiten
erweitert. Außerdem enthält SuperTalk Elemente, mit denen man
"Macintosh-like" Applikationen entwickeln kann.

Ein SuperCard-Stack kann zu einem "Stand-Alone" konvertiert werden.
Stand-Alones können ohne SuperCard ausgeführt werden und sind
lizenzfrei.

Vorteile
• verschieden große Darstellungen,
• Farbe,
• unter SuperCard können nun gleichzeitig mehrere Karten und Stacks
  bearbeitet und ausgeführt werden,
• zusätzliche Objekte für Graphik,
• es können eigene Menüs erstellt werden,
• Animationen im SuperCard eigenen STEP-Format ausreichend schnell,
• Teile eines Textes im selben Textfeld können getrennt von dem anderen
  Teil formatiert (Größe, Stil und Zeichensatz) werden,
• SuperCard ermöglicht die Erstellung von Stacks mit "Mac-Feeling",
• leistungsfähige Programmiersprache,
• Beschleunigung von Anwendungen über XCMDs und XFCNs,
• Animationen werden unterstützt und können importiert werden,
• Unterstützung zur Entwicklung von Stacks mit vielen Objekten ist unter
  dem SuperEdit vorbildlich,
• Bilder mit eigener Farb-Palette werden unterstützt.

Nachteile
• weniger einfach als HyperCard und Plus zu handhaben,
• HyperCard-Stacks müssen zunächst konvertiert werden, um mit SuperCard
  ausgeführt werden zu können,
• Resourcen unter SuperCard sind inkompatibel zu den Mac-Resourcen,
• Programmtexte können auch unter SuperCard nicht vor dem Zugriff
  Dritter geschützt werden,
• derzeit noch wenig verbreitet, da es noch neu auf dem Markt ist,
• keinen Support von Apple,
• Bildaufbau von Farbgraphiken ist auch unter SuperCard langsam.

5.4.5 VideoWorks und Director

Die MacroMind-Animationssoftware baut auf den Vorgängerprogrammen "VideoWorks" und "VideoWorks II" auf. Es ist die konsequente Weiterentwicklung dieser Vorläufer, und Benutzer, die bereits Erfahrungen mit ihnen gesammelt haben, werden sich sehr schnell mit dem Director zurechtfinden.

Bild 5.8. Ein riesiges Raumschiff soll die Tiefen des Alls erforschen!

Das Programm bietet zwei grundsätzliche Arbeitsmodi, die "Studio" und "Overview" heißen. "Studio" ist darauf spezialisiert, Frame-by-Frame-Animationen mit 8 bit Farbtiefe zu erzeugen, welche zur Wiedergabe in einem Director eigenen Format und zur Weiterverarbeitung in anderen Programmen im "PICS-" und "PICT2-Format" abgespeichert werden können.

"Overview" ist eine Art "Regieprogramm", mit dem komplette Multimedia-Präsentationen gesteuert werden können. Animationen aus dem "Studio" können mit PICT- und PICT2-Grafiken aus anderen Programmen im Hintergrund kombiniert, Reihenfolgen von Animationen festgelegt und die Art der Überblendung von einem Clip zum nächsten bestimmt werden.

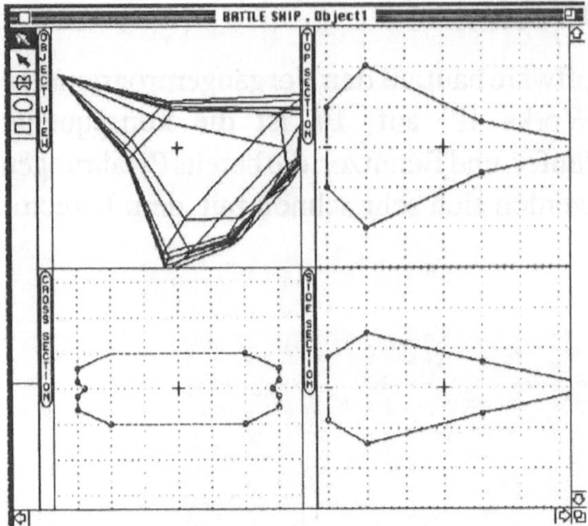

Bild 5.9. Zunächst wird das Raumschiff konstruiert

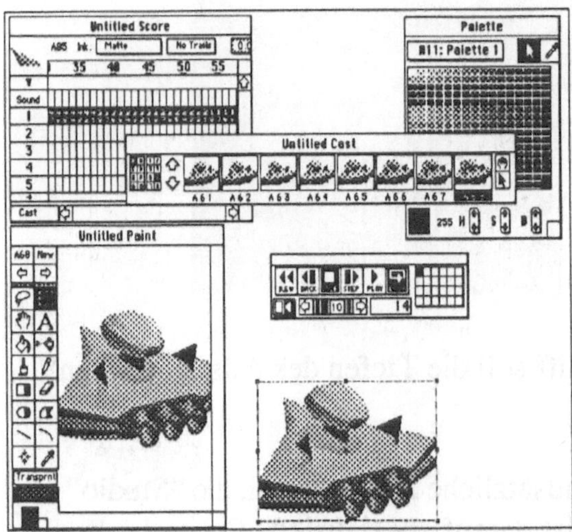

Bild 5.10. Erzeugung der Oberflächen

Man kann sich "Studio" als einen digitalen Tricktisch vorstellen, auf dem
man pro Bild bis zu vierundzwanzig Ebenen von Grafiken übereinander
"belichten" kann. In Einzelbildschritten wird wie in der analogen
Trickfilmtechnik die Bewegung entwickelt. Anders als der mit der Kamera
bewaffnete Trickfilmer kann der Anwender im Studio-Modus zusätzlich
auf eine Reihe angenehmer Features zurückgreifen, die es so nur im

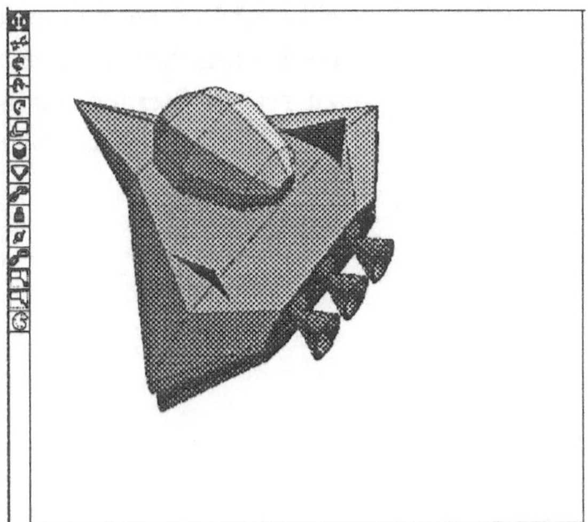

Bild 5.11. Die Bahn wird Phase für Phase als Graphik in ein Scrapbook exportiert

Computeranimationsbereich gibt. So kann für Bewegungen, auch für aus mehreren Phasen bestehende Animationen, ein Anfangs- und Endpunkt definiert werden, für die das Programm dann die entsprechenden Zwischenschritte selbst generiert. Wenn also zum Beispiel eine Figur über den Bildschirm laufen soll, so muß im Frame-by-Frame-Verfahren nur einmal der komplette Schritt (rechtes und linkes Bein) animiert und auf Stand gebracht werden. Danach wird diese Bewegung als sogenannter "Loop" zusammengefaßt, Anfang und Ende der Bewegung über den "Stage" genannten Bildschirm festgelegt und durch "In-Between" mit der korrekten Animation ausgefüllt. Texte und Titel sind mit einem speziellen Tool sehr leicht zu animieren. Das Programm bietet einen eigenen Editiermodus für Grafik an, der erstaunlich leistungsfähig ist und sich durchaus mit dem Gros der Pixelgrafikprogramme messen kann.

Studio bietet darüberhinaus die Möglichkeit, Grafik in den Formaten MacPaint, PICT und PICT2 zu importieren. Außerdem können komplette "Scrapbooks", mehrere Grafiken, die voneinander durch Reihenfolge getrennt in einem Dokument gespeichert sind und PICS-Formate importiert werden. In unserem Beispiel wurden die einzelnen Phasen des Raumschiffs in einem CAD-Programm erstellt, in ein Scrapbook kopiert und in den

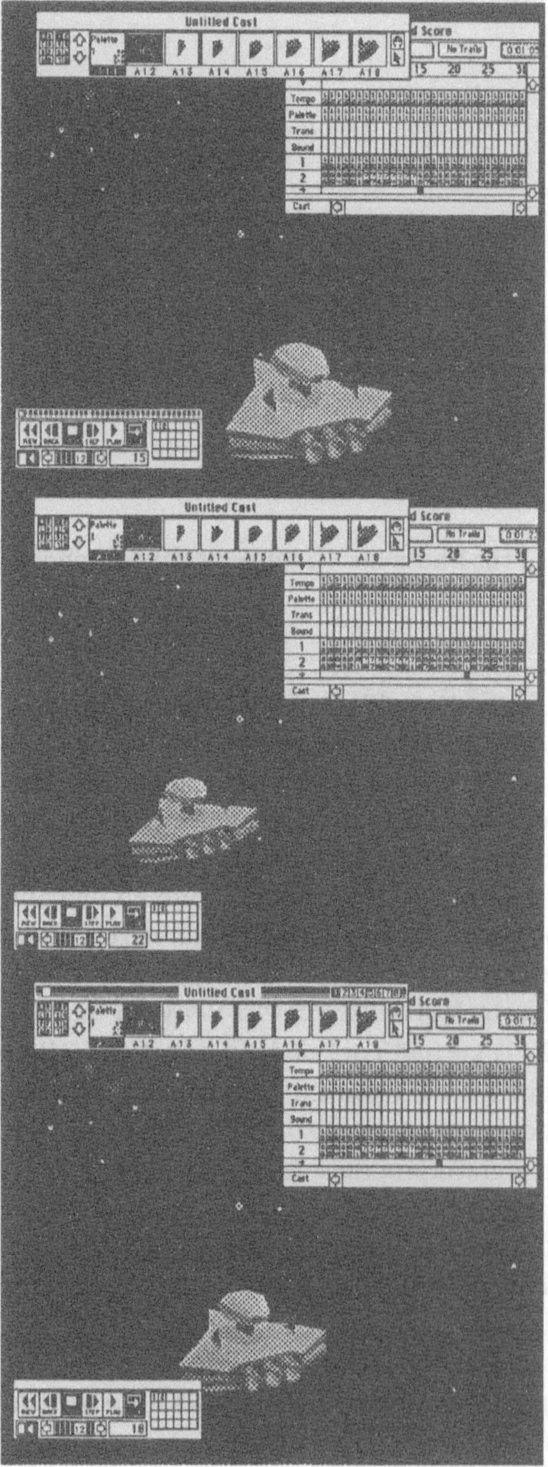

Bild 5.12 - 5.16. Schon ist das Raumschiff unterwegs zu fernen Sternen, Galaxien und zahllosen Abenteuern.

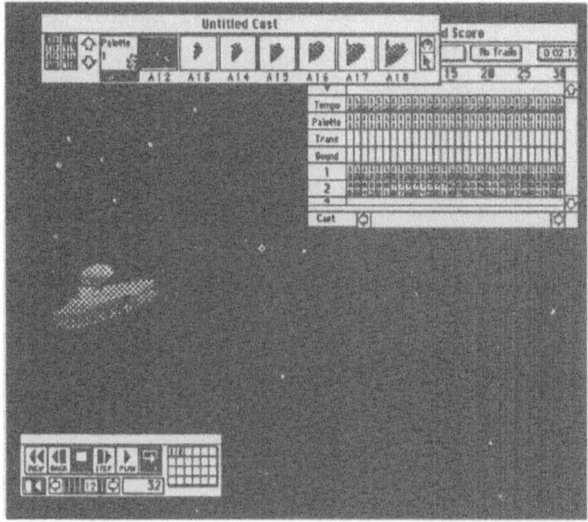

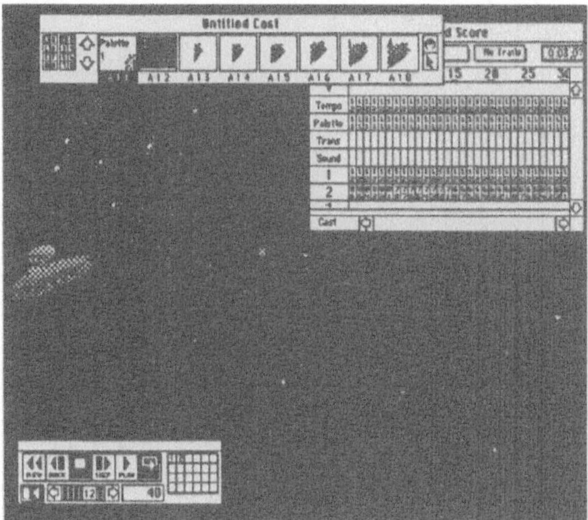

Director importiert. Dabei liest Studio nicht nur die einzelnen Phasen ein, sondern plaziert sie gleichzeitig auf der Stage und im Score, wo die Bildfolge festgelegt wird. Nach dem Import der Phasen muß nur noch auf "Play" gedrückt werden und der Film läuft ab. Der Sternenhintergrund wurde auf Grundlage eines digitalisierten Photos in einem Farbgrafikprogramm überarbeitet und als PICT2-Datei importiert.

Das Arbeiten mit dem Director muß insgesamt als sehr angenehm und komfortabel bezeichnet werden. Das Programm ist sehr mächtig und eine detaillierte Beschreibung sprengt hier sicher den Rahmen, darum eine schlagwortartige Auflistung der Vor- und Nachteile dieses interessanten Multimediatools, das auch in einer interaktiven Version erscheinen wird.

Vorteile
- Übersichtliche Oberfläche,
- direkter Import von Grafiken,
- Sounds und Paletten,
- umfangreiche Grafiktools,
- diffizile Exportmöglichkeiten von Grafik und Animation,
- Auswahl programmeigener Überblendungseffekte,
- anspruchsvolles "In-Betweening",
- Druckmöglichkeit fast aller Informationen in einem Clip und Präsentationssteuerung.

Nachteile
- arbeitspeicherintensiv,
- kein Zoom,
- zu wenig Powerkeys.

5.4.6 Nachbetrachtung

Für multimediale Anwendungen auf CD-ROM sind schon heute durchaus brauchbare Autorensysteme erhältlich. Bei der Auswahl eines Autorensystems sollten folgende Punkte geklärt werden:

- Wofür soll die Anwendung eingesetzt werden?
- Auf welchem Rechner soll die Anwendung laufen?
- Welche Resourcen stehen zur Verfügung (Rechner, Mitarbeiter, Peripherie für die Erfassung)?
- Welche Medien werden eingesetzt (Texte, Bilder (S/W oder Farbe), Animationen/Video, Ton)?

Der Entwickler von multimedialen Datenbanken für CD-ROM sollte den Markt genauestens beobachten. Insbesondere kann das regelmäßige Lesen von Fachzeitschriften empfohlen werden, da der Markt sich noch im Aufbruch befindet. Zudem beziehen sich die Beschreibungen der Autorensysteme z.T. noch auf neue Systeme. SuperCard und Plus stehen erst in der Version 1.0 zur Verfügung. HyperCard und der Director als Weiterentwicklung von VideoWorks sind hingegen schon seit mindestens 2 Jahren auf dem Markt und sind daher ausgereifter als die beiden oben genannten.

6 Der CD-ROM-Weltmarkt

"CD-ROM repräsentiert die größte Konzentration unternehmerischer Intelligenz beim Start einer Industrie seit den Zeiten von Thomas Edison". Mit dieser vollmundigen Ankündigung warb im Jahr 1989 eine wichtige Konferenz zur CD-ROM-Technologie für ihre Sache.

Im folgenden Kapitel soll nun untersucht werden, ob diese Aussage in die Rubrik Public Relation eingeordnet werden kann und sich damit mehr oder weniger selbst erledigt, oder ob sich ein Trend abzeichnet, der in die Richtung des Zitats weist.

Informationen müssen gespeichert und jederzeit wieder verfügbar sein, sonst sind sie von nur marginalem Nutzen. Bis zum heutigen Tag werden trotz der viel beschworenen neuen Medien, 95 % aller anfallenden Daten auf Papier festgehalten. Die restlichen fünf Prozent verteilen sich auf die Alternativen Magnetplatte (1%), Mikofilm und CD-ROM (4%). Dieser Zustand soll sich bis zur Jahrtausendwende entscheidend ändern, indem der Anteil des Papieres als Speichermedium auf 85% sinken und optischen Platte und Mikofilme diese Differenz von 14 % ausfüllen soll. Die CD-ROM wird in diesem Verdrängungsprozeß der Gewinner sein, da Mikroverfilmung auch in Zukunft dieselbe untergeordnete Bedeutung spielen wird, wie sie es trotz langjähriger Marktpräsenz immer noch tut. Die Rolle der Magnetplatte wird sich gleichfalls nicht verändern.

6.1 Marktgeschehen in den USA

Grundvoraussetzung für das Arbeiten mit CD-ROM ist, wie bereits dargestellt, eine Gerätekonfiguration bestehend aus PC, dem CD-Laufwerk und natürlich der CD-ROM-Scheibe.
Während die Verbreitung des PCs in den USA heute kein Thema mehr ist, stellt die Ausstattung mit Laufwerken in Wirtschaft, Verwaltung und Wissenschaft derzeit noch ein Mangelproblem dar. Dies gilt für den westeuropäischen Markt in noch verstärkterem Maß als für die USA.

Nach Studien der Link Ressources Corp. liegt die Anzahl der im Einsatz befindlichen Laufwerke in den USA im Jahr 1989 bei mehr als 100000 Stück, nachdem ihre Zahl 1988 schon die 50000 Stück-Marke überschritten hatte.
Zur Situation der Laufwerkproduktion ist zu sagen, daß sich bis 1988 zehn Hersteller etablieren konnten, die etwa 40 verschiedene Produkte anbieten. Die Preisspanne bei diesen Geräten liegt zwischen 500 und 2000 Dollar.

Für 1990 gibt es dem Marktforschungsinstitut Disk/Trend Inc. zufolge ein Volumen an verkauften Laufwerken von über 1,2 Mio., die einen Wert von über 1,4 Mrd. Dollar darstellen. Dabei sind die japanischen Anbieter Weltmarktführer, bereits ein Hersteller (Hitachi) hält nach eigenen Angaben mehr als ein Drittel des Gesamtmarktes.

Die Palette der CD-ROM-Produkte, die der US-Markt seinem Publikum bietet, ist breit gefächert. Wollte man die Bedeutung der einzelnen Bereiche innerhalb einer Rangfolge abbilden, so ergäbe dies folgende Klassifikation: Bibliothekswesen, Medizin/Gesundheit, Computer/ Software, Wirtschaft/Finanzen, Agrarwissenschaft/Biologie/Biotech- nologie/Chemie.

Die Bibliotheken in den USA haben eine exponierte Schrittmacherfunktion im Hinblick auf die Verbreitung von optischen Speichern, in dem sie für breite Benutzerschichten die Vorzüge des Mediums in actu erfahrbar machen. Leider sind die europäischen Bibliotheken meist weit davon entfernt, diese Funktion übernehmen zu können, das finanzielle Budget dieser Institution ist dabei nur eine der Ursachen.

Betrachtet man das Volumen des jährlichen CD-Titelangebotes, so ergeben sich, schenkt man zwei einschlägigen Studien Glauben, folgende Ergebnisse:

NewsNet Online-Datenbank zählte im ersten Halbjahr 1989 255 CD-ROM-Titel, dies bedeutet nahezu eine Verdoppelung, wenn man von der Zahl 137 Stück im Jahr 1987 ausgeht. Man kann sagen, daß das Angebot um etwa ein Dutzend Produkte im Monat anwächst (Info-Tech). Bowers Optical Publishing Directory schätzt für Ende 1989 ca. 320 Titel. Dies dürfte eine realistische Annahme sein.

Wählt man die Umsatzzahlen dieser neuen Speichertechnologie als Indikator für eine Marktabschätzung, zeigen sich einige Inkonsistenzen im Hinblick auf die relevanten Schätzungen der führenden Marktforschungsunternehmen.Während International Resource Development Inc. den Umsatz mit CD-ROM-Informationen im Jahr 1988 auf 24 Mio. Dollar schätzt, prognostiziert Link Resources eine Größenordnung von über 50 Mio. Dollar. Bei Annahme 150% Steigerung pro Jahr gründend auf einer Ausgangszahl von unter 10 Mio. Dollar im Jahr 1986 hieße dies für 1991 800 Mio. Dollar. Info-Tech, der Dritte im Bunde, geht von 100 Mio. Dollar im Jahr 1988 aus, wobei eine Aktualisierung der Umfrageergebnisse zeigte, daß der Wert von 1988 mit Einschränkungen um ein Viertel erhöht werden muß.

Um die Entwicklung der Umsatzzahlen einschätzen zu können, muß man den break-even-point in bezug auf die Hardware-Gegebenheiten in Betracht ziehen: Die Größe des Umsatzes ist primär davon abhängig, wann die kritische Masse von entsprechenden Laufwerken installiert ist. Das hier in der Zukunft noch große Wachstumsraten zu erzielen sind, haben die Angaben über das Potential an Laufwerken gezeigt. Den westeuropäischen Markt darf man mit Fug und Recht den kleinen Bruder nennen. Er blickt - um in diesem Bild zu bleiben - aufmerksam über den Atlantik und versucht angestrengt, die Vorgänge dort zu adaptieren. Das dies erst in bescheidenem Umfang gelingt, zeigt nicht zuletzt das Geschehen auf dem Laufwerkmarkt.

6.2 Der Marktplatz Westeuropa

In Westeuropa sind die Zahlen der installierten Laufwerke sehr viel geringer, wie folgende Länderbetrachtung zeigen wird.

6.2.1 Italien - Die "early-adopters"

Erstaunlicherweise hat Italien in bezug auf die optischen Speichermedien eine Spitzenreiterposition errungen. Die Zahl der dort täglich genutzten Laufwerke liegt bei rund 10000 Stück, wobei die Tendenz steigend ist, wie dies eine Studie belegt, die anläßlich der Mailänder Messe 1988 publiziert wurde. Andere Schätzungen gehen von optimistischeren Zahlen aus, sie geben die Zahl von 13800 Stück an.

Die Gründe für eine solche "early-adopter-Haltung" der Italiener gegenüber dieser neuen Technologie ist in einem Bündel von Ursachen zu sehen: Zunächst ist das Faktum zu nennen, daß die italienische Industrie bis hinunter zum kleinen Dienstleister durch eine bemerkenswert hohe Aufgeschlossenheit gegenüber elektronischen Medien gekennzeichnet ist. Hinzu kommt, daß dem italienischen Kunden für einige seh relevante CD-ROM-Themen Hard- und Software als Gesamtlösung angeboten wurde und die ohnehin wenigen Netze für Online-Datenbankdienste durch häufige Telefonstörungen relativ uneffinzient genutzt werden können. Man konzentriert sich eher auf Datenbanken, die netzunabhänig gehalten werden.

Betrachtet man das Angebot der CD-ROM-Produkte, muß man feststellen, daß die Bereiche Steuerinformation, Training, Ausbildung, Touristik und medizinische Applikationen das Bild bestimmen. Stark im Anwachsen begriffen, sind darüberhinaus Verlagswesen, Büroautomation und auf dem Privatsektor die Unterhaltung.

Ein großes Manko für Marketingbestrebungen und die Forcierung der Verbreitung der Technologie stellt das Fehlen von Gesamtübersichten aller verfügbaren CD-ROM-Produkte dar. Dies ist - wie sich gezeigt hat - ein generelles Problem des europäischen Marktes.

6.2.2 England

Die "Versorgungslage" mit CD-ROM-Laufwerken in England gestaltet sich nach Angaben von Knowledge Research Inc. so, daß 1988 2400 Einheiten im Einsatz befindlich sein soll, für Ende 1989 prognostiziert das Institut eine Größenordnung von 6400 Stück.

Die Reichhaltigkeit des Angebots an CD-ROM-Titeln dürfte für den europäischen Raum in England am größten sein, da aufgrund derselben Sprache der gesamte Umfang aller amerikanischen Produkte genutzt werden kann.

Der Einfluß der bereits entwickelten CD-ROM-Szene gepaart mit dem gut sortierten Angebot an Anwendungen wirkt natürlich äußerst stimulierend auf den Markt und die noch zu gewinnenden Kunden.

Die Tatsache, daß es relativ wenig Software-Häuser in Großbritannien gibt, wird durch die Unterstützung der amerikanischen Bemühungen um die CD-ROM-Technologie ausgeglichen.

Die Dynamik des englischen Marktes läßt sich nicht zuletzt an den Veranstaltungen rund um das Thema optische Massenspeicher, wie Messen, Konferenzen, Fortbildungs-trainingsprogramme erkennen. In dieser Beziehung sind in Großbritannien mit Abstand die meisten Aktivitäten zur Durchsetzung der technologischen Neuheit zu verzeichnen.

6.2.3 Die Bundesrepublik

Neben dem CD-ROM-Markt in Großbritannien bildet das bundesrepublikanische Geschehen die zweite Säule der Bemühungen, diese Technologie in Europa einzuführen und zu verbreiten.

Lenkt man sein Augenmerk zunächst wieder auf das Potential an installierten Laufwerken in Wirtschaft, Verwaltung und Lehre, ergeben sich folgende Größenordnungen:

Knowledge Research zufolge kann man im Jahr 1989 von einer Anzahl von 7200 Stück ausgehen. Dies bedeutet mehr als eine Verdoppelung zum Vorjahr, 1988 lag die Zahl bei nur 2950 Stück. Für das Jahr 1990 wird eine

Größenordung von circa 18000 Stück erwartet. Diese Angabe kann eigenen Erfahrungen zufolge als eher zu pessimistisch gewertet werden, da das gegenwärtige Messegeschehen ein äußerst interessiertes und für Informationen aufgeschlossenes Publikum zeigt. In Zahlen ausgedrückt läßt sich jedoch eine eher abwartende Haltung des Markes feststellen. Man kann also schließen, daß dieses zögerliche Verhalten bzw. dieses als Informationsbeschaffungsphase zu wertende Verhalten in den kommenden Jahren dazu führt, daß die Investitionen für CD-ROM-Equipment endlich nach eingehender Prüfung getätigt werden.

Die unentschlossene Haltung des Marktes resultiert nicht zuletzt aus der Unsicherheit gegenüber dem neuen Medium. Mit dem stetig steigenden Angebot an CD-ROM-Titeln wird auch der Anreiz, sich für diese Technologie zu entscheiden, wachsen.

Ein weiterer Grund für die Stagnation des Marktes ist in den Entwicklungen innerhalb der Alternativen des optischen Speicherns zu sehen. Neuheiten wie WORM oder Erasable Disk haben dazu beigetragen, daß beim Kundenkreis eine Verwirrung eingetreten ist, die das bereits gewonnene Vertrauen unterminiert, wobei keines dieser Medien eine echte Konkurrenz für CD-ROM darstellt. Dies hat jedoch nachhaltig zu einer Verzögerung der Marktausweitung geführt. Geeignete Marketingmaßnahmen und PR-Aktionen müssen in der Zukunft das verlorene Terrain zurückgewinnen. Hierbei sollten neben konventionellen Strategien neue Wege beschritten werden. Folgende Formen wären denkbar: Förderung von Inhouse-Demonstrationen, kostenlose Verteilung von Systemen an potentielle Nutzer zu Test- und Trainingszwecken, z.B Universitäten und Großkunden, Herausgabe einer Gratis-Zeitschrift für Endnutzer und Produzenten, Marketingaktionen in Kooperation von Herstellern, Vertrieb und Hardware-Industrie, Einrichtung einer bibliographischen Datenbank zur Erfassung aller laufenden Neuentwicklungen auf dem Sektor CD-ROM.

6.2.4 Frankreich

Der Informationsmarkt in Frankreich ist durch den weitverbreiteten Gebrauch von Telekommunikation als Folge der Entwicklung von Videotext geprägt. Die Installation von Terminals durchbricht Ende 1989 die Schallmauer von 3 Millionen. Dies bedeutet, daß die Akzeptanz gegenüber den neuen Medien in Frankreich im Vergleich zu den anderen europäischen Staaten, mit Ausnahme von Italien vielleicht, außerordentlich fortgeschritten ist.

Dies gilt leider nicht für den CD-ROM-Markt, zwar liegen die Franzosen mit der Anzahl der im Einsatz befindlichen CD-ROM-Laufwerke etwa bei derselben Größenordnung wie England und die Bundesrepublik, d.h. für 1988 bei rund 2000 Stück. Die restlichen Aktivitäten sind jedoch als sehr gering einzuschätzen.

6.2.5 Niederlande/Belgien

In den Niederlanden gibt es eine Reihe von Firmen, die CD-ROM-Produkte herstellen, vornehmlich im Bereich Verlag/Bibliotheken und Firmenreports. In Belgien besteht eine ganz ähnliche Situation, auch hier stehen Firmenreports auf der Grundlage von CD-ROM im Vordergrund. Mit Hilfe eines Medienzentrums in Brüssel will man der Bevölkerung die neue Technologie nahebringen, in dem Interessierte zahlreiche Anwendungen selbst testen können.

Insgesamt wird das Marktvolumen der installierten Laufwerke geringer geschätzt als in England und der Bundesrepublik. Leider fehlt aus hier eindeutiges Zahlenmaterial.

6.2.6 Spanien

Die CD-ROM-Technik wie auch das Angebot der online-Datenbanken ist in Spanien nur sehr unzureichend verbreitet. Dies hängt natürlich mit der spärlichen Ausstattung von PCs im gesamten Wirtschaftsgebiet und der Verwaltung zusammmen. Man kann sagen, daß der spanische Markt für die optischen Speicher noch nicht reif ist.

6.2.7 Gesamtansicht des europäischen Marktplatzes

Derzeit vertreiben rund zehn Hersteller von CD-ROM-Laufwerken ihre Produkte auf dem europäischen Markt, das sind bedeutend weniger als in den USA und Japan. In Europa gibt es etwa zwanzig Produktionsstätten, die Hälfte davon ist in Deutschland angesiedelt.

Die Prognose von Knowledge Research für die installierten Drives wird sich europaweit im Jahr 1989 nahezu verdoppeln, d.h. 47000 Stück stehen einer Anzahl von 25000 Stück im Jahr 1988 gegenüber. Betrachtet man die antizipierte Zahl von 100500 Stück für das Jahr 1990, kann man davon ausgehen, daß hier enorme Wachstumsraten zu erzielen sind, zumal die Aktivitäten der Hersteller für Drives stark zugenommen haben, d.h. es etablieren sich permanent neue Anbieter. Daher kann mit fallenden Preisen gerechnet werden bzw. ein solcher Trend zeichnet sich bereits ab.

Spricht man über Europa und CD-ROM, muß auch auf die einzigartige Möglichkeit hingewiesen werden, die dieses Medium besitzt. CD-ROM kann helfen, dem Traum vom gemeinsamen Haus Europa näherzukommen, indem es europäische Sprachbarrieren überwinden hilft. Realisiert wird dies durch die Entwicklung von CDs, die mit Hilfe einer mehrsprachigen Oberflächengestaltung des Retrievalsystems länderübergreifend genutzt werden. Hierdurch wird eine Auswahl von mehreren europäischen Sprachen, zumeist italienisch, englisch, französisch und deutsch, für die Präsentation der Rechercheergebnisse ermöglicht.

Nach dem Report von Knowledge Research waren 1988 nur etwa 20% der europäischen Informationsprodukte, die derzeit auf CD-ROM angeboten wurden, zuvor im online-Betrieb verfügbar. Dies stellt einen gravierenden Unterschied zum amerikanischen Markt dar. Dort lag der Prozentsatz bei weit über 40%, d.h. der Substitutionsprozeß bei CD-ROM-fähigen Daten ist bereits sehr viel weiter fortgeschritten. Das Gros der CD-ROM-Produkte, die in Europa vertrieben werden, sind Nachschlagewerke, die bereits als print-Medien vorliegen.

Nimmt man die vorgetragenen Ergebnisse als Basismaterial für eine Prognose des zukünftigen CD-ROM-Marktes, so kann man aus unserer Sicht nur dem von Knowledge Research geschaffenen Bild von den zwei Entwicklungssträngen beipflichten:

Es gibt zwei Wege, der eine wäre ein evolutionärer Weg, das hieße Hersteller und Anwender gewinnen langsam Vertrauen in das Medium, wobei CD-ROM hauptsächlich auf professionelle und wirtschaftliche Bereiche beschränkt bleibt. Der andere Weg wäre ein revolutionärer, unter diesen Voraussetzungen müßten Großanwender und Informationslieferanten starkes Engagement zeigen, und der Markt würde vom Verkauf horizontal gestaffelter Produkte beherrscht sein.

Da der Markt sich trotz des Anwachsens in den letzten Jahren in einem noch sehr frühen Stadium befindet, wäre es voreilig, eine abschließende Beurteilung darüber vorzunehmen, wohin die Entwicklung geht. Eine Fülle von Indizien weisen jedoch daraufhin, daß man von einem eher evolutionären Gang der Dinge ausgehen kann. Als gesichert kann jedoch gelten, daß der Markt für elektronische Informationen in Europa in den nächsten fünf Jahren nicht gesättigt werden wird. Dies gilt für den CD-ROM-Markt in noch potenzierterem Maße. Nach einer relativen Stagnation des Marktgeschehens in den Jahren 1986 und 1987, die den sehr viel optimistischeren Prognosen zum Trotz für die Anbieter eine lange und schwierige Durststrecke bedeuteten, ist mit der anwachsenden Zahl von Produkten und der zufriedenstellenden Entwicklung der Laufwerkverkäufe eine allmähliche Durchsetzung der Technologie zu verzeichnen. Wenn sich diese Entwicklung jedoch konsolidieren bzw. kräftigen Aufwind bekommen soll, muß nach unserer Ansicht der italienische way-of-selling beschritten werden. Dies bedeutet Hard- und Software muß als Gesamtlösung offeriert werden, denn nur auf diesem Wege kann die Skepsis der Käufer gegenüber der unbekannten Materie in Vertrauen und damit Akzeptanz umgemünzt werden.

Flankierend dazu muß eine neue, d.h. stabile Preispolitik verfolgt werden. Hierzu bedarf es jedoch einiger Vorarbeiten bezüglich des Wertimages von Information. Die Information als Produktivfaktor, d.h. die richtigen Informationen zum richigen Zeitpunkt sind oft Grundlagen für existentielle Entscheidungen im Unternehmen, gewinnt zunehmend an Bedeutung. Im Hinblick auf die Öffnung des europäischen Marktes 1992. wird sich gerade die Wettbewerbssituation besonders verschärfen. Das Bewußtsein für den hohen Stellenwert von Informationen gilt es in diesem Zusammenhang noch aufzubauen. Auf dem europäischen Markt ist das Informationsmanagement ein noch unterentwickeltes Pflänzchen, dessen Wert und damit Preis relativ gering geachtet wird. Erst ein neues Denken in bezug auf die sofortige Verfügbarkeit der benötigten Informationen kann die Basis schaffen für eine Neukonzeption einer realistischen Preisgestaltung.

Wenn diese Strecke des Wegs beschritten worden ist, kann mit Steve Holder gesagt werden: "CD-ROM - the new Gutenbergs", denn erst, wenn sie jedem verfügbar gemacht sind, bilden CD-ROMs das adäquate Komplement zum Buch.

7 Weitergehende Techniken

Eine Vorbemerkung: Es handelt sich bei den in diesem Kapitel vorgestellten Weiterentwicklungen um noch nicht auf dem Markt befindliche Techniken. Die Konsequenz daraus ist, daß man viele Informationen, die man von den Entwicklern bekommt, einfach "glauben" muß. DVI konnte ich im Sommer 1988 im David Sarnoff Research Center, Princeton U.S.A., in Form einer Demonstration begutachten, von CD-I habe ich mir nur anhand eines Videofilms ein Bild machen können. Zwar standen mir natürlich eine Menge technischer Unterlagen zur Verfügung, doch es fehlt die persönliche Erfahrung. Ich rate deshalb zum kritischen Lesen dieses Kapitels, da viele Einschätzungen und Prognosen von den Entwicklern kommen, die verständlicherweise Optimismus verbreiten möchten.

7.1 CD-ROM-XA

CD-ROM-XA steht für "CD-ROM-eXtended Architecture" und ist eine Spezifikation, ausgearbeitet von Philips, Sony und Microsoft. Nach der Vorankündigung vom 30. August 1988 erschienen im März 1989 die ersten technischen Informationen. Sie enthalten betriebssystemunabhängige Definitionen für Formate von seiten- oder dokumentenorientierten Dateien, die Text, Graphik, Sound oder Video enthalten. CD-ROM-XA folgt dabei den Spezifikationen des "Yellow Book" (CD-ROM-Spezifikation) und verwendet Elemente des "Green Book" (CD-I-Spezifikation). Daraus wird ersichtlich, daß CD-ROM-XA eine Brücke zwischen CD-ROM und dem in 7.2 beschriebenen CD-I schlagen soll. So werden z.B. "Interleaved Files" definiert, eine Zerstücklung von Dateien mit dem Ziel, Realtimefähigkeiten zu erreichen. Auch werden verschiedene Soundformate definiert. Das eine, Level B genannt, erlaubt 4 Stunden Stereo- bzw. 8 Stunden Monosound auf einer CD-ROM. Das andere, Level C, definiert ein Format für 8 bzw. 16 Stunden. Die restlichen Definitionen, wie z.B. die Definitionen der Videoformate, sind noch nicht veröffentlicht. Man kann den zweiten Teil der Spezifikationen zum Jahresende 1989 erwarten.

7.2 CD-I

CD-I (Compact Disc Interactive) ist die konsequente Weiterentwicklung von CD-Audio und CD-ROM. Im Gegensatz zu High Sierra/ISO 9660 wird nicht nur das Filesystem definiert, sondern auch der Aufbau der Dateien selbst und sogar das Betriebssystem und die Prozessorfamilie der CD-I-Geräte. Ein CD-I-Player stellt eine geschlossene Einheit dar. Es besteht aus einem CD-Player, einem Computer, welcher auf einem Motorola 680x0 Prozessor und Kommunikationsperipherie basiert. Das Betriebssystem ist CD-RTOS (CD-I Real Time Operating System). Es setzt auf OS-9 auf, einem Unix recht ähnlichen Betriebssystem.

Ziel dieses ebenfalls von Philips und Sony aufgestellten Quasi-Standards ist es, eine Plattform für multimediale CDs im Kosumentenbereich (consumer market) zur Verfügung zu stellen. Da eine CD-I sich in der Herstellung durch das Presswerk in keiner Weise von einer CD-ROM unterscheidet, sind niedrige Preßkosten gesichert. Es soll der "interaktive Videorekorder" entwickelt werden. Das heißt:

• Gute Bildqualität, mindestens Fernsehauflösung,
• Gute Tonqualität, mindestens Schallplattenqualität,
• Datenspeicherung, Texte und Datenbanken,
• Synchronisierung aller Medien,
• Interaktivität.

Stellen wir uns einmal die naheliegende Frage: Was soll uns das bringen? Die Antwort der Erfinder: "Edutainment". Dieses Wort ist ein Kunstwort, zusammengesetzt aus Education (Erziehung, Lernen) und Entertainment (Unterhaltung). Bei einem herkömmlichen Videorekorder legt man die

Kassette ein und ist anschließend der passive Zuschauer. Bei CD-I muß man aktiv werden, Fragen stellen, "den Ablauf der Kassette" beeinflussen. Man hat Ton und Animation wie beim Videorekorder, ist aber nicht auf den sequentiellen Ablauf des "Films" festgelegt. Wer vermutet, daß der "normale Mensch", der ja die Zielgruppe darstellt, tagtäglich bemüht ist, sich weiterzubilden, irrt. Das Lernen im Alltag geschieht beiläufig, über Träger. Der wichtigste Träger ist die Unterhaltung. Ein gut gemachter, spannender Film erreicht wesentlich mehr Menschen als ein ebenso gut geschriebenes Buch, auch wenn dieses im Inhalt exakter ist.

CD-I ist also der Versuch, Information, welcher Art auch immer, in unterhaltsame, qualitativ gute Bilder und Töne zu verpacken. Ein Lexikon bräuchte nicht länger eine unendliche, alphabetische Aneinanderreihung von kurzen Artikeln und Illustrationen sein. Statt dessen könnten "Expeditionen" durch verschiedene Sachgebiete angeboten werden, und zwar in Text, Ton und Bild. Information kann durch die Interaktivität in verschiedenen Ebenen angeordnet werden. Eine Filmsequenz beispielsweise könnte grob die großen Erfinder des letzten Jahrhunderts vorstellen. Der Anwender kann dann an Stellen, die ihn interessieren, unterbrechen und tiefergehende Informationen anfordern, sprich "eine Ebene tiefer tauchen". Auf diese Art und Weise kann Information auf der obersten Ebene interessant und leicht verständlich gestaltet werden, aber auf den unteren Ebenen trotzdem detailliert und exakt sein.

Typische Anwendungen von CD-I sind (voraussichtlich):

• multimediale Referenzwerke, wie Lexika,
• Reiseführer, Stadtführer,
• Kataloge, z.B. von Versandhäusern oder Möbelhäusern,
• Professionelle Trainingskurse in allen möglichen Bereichen,
• Interaktive Filme, die den Anwender in die Rolle eines Akteurs versetzen
• Spiele, besonders Abenteuerspiele,
• Lernprogramme für Kinder vom Vorschulalter bis zum Studenten.

Bilder und Töne werden in verschiedenen Qualitätsstufen angeboten:

- **Audio**
  - CD-Qualität (maximal eine Stunde Stereo, zwei Stunden Mono),
  - HiFi-Qualität in der Klasse von Langspielplatten (2/4),
  - MidFi-Qualität in der Klasse von UKW-Radio (4/8),
  - Sprach-Qualität in der Klasse von Mittelwellenradio (8/16).

- **Video** wird für die zwei gebräuchlichsten Fernsehstandards angeboten. NTSC ist die amerikanische und japanische Norm, PAL und Secam werden in Europa, Australien und Afrika verwendet. Dabei stehen drei verschiedene Auflösungen zur Verfügung:

  - Hohe Auflösung: 768 x 560 Bildpunkte bei PAL
                         720 x 480 Bildpunkte bei NTSC
  - Mittlere Auflösung: 768 x 280 Bildpunkte bei PAL
                         720 x 240 Bildpunkte bei NTSC
  - Niedrige Auflösung: 384 x 280 Bildpunkte bei PAL
                         360 x 240 Bildpunkte bei NTSC

Es stehen vier Bildkodierungsformen für Standbilder (still images) zur Verfügung:

- **DYUV**. Diese Form stammt aus der herkömmlichen Fernsehtechnik. Y steht für die Luminiszenz des Videosignals, U und V stehen für die Farben. Das D steht für Delta oder Differential und bedeutet, daß lediglich die Unterschiede der YUV-Werte von Bildpunkt (Pixel) zu Bildpunkt gespeichert werden. Man erreicht damit im Vergleich zum normalen RGB-Signal einen Kompressionsfaktor von ca. drei-zu-eins bei natürlichen Fotos.

- **RGB 5:5:5**. Diese Form reduziert die Abstufung der möglichen Rot-, Grün- und Blauanteile eines Bildpunktes von 32768 auf 32. Es eignet sich am besten für Graphiken, erzielt aber nur eine Kompression von eineinhalb-zu-eins.

- **CLUT**. Die CLUT (Colour Look Up Table) ist eine Tabelle, die 256 Farben enthält. Nur die in der Tabelle enthaltenen Farben können gleichzeitig dargestellt werden, die Tabelle kann aber mit jeder beliebigen Farbe aus einer Menge von 16 Millionen belegt werden.

- **Run-length coding.** Diese Technik verwendet die CLUT um die Farben festzulegen und speichert, wieviele Bildpunkte hintereinander die gleiche Farbe haben. Sinnvoll ist sie z.B bei Zeichentrickfilmen, in denen sehr hohe Kompressionsfaktoren erzielt werden können.

Um bewegte Bilder zu realisieren, müssen diese Techniken mit anderen Verfahren verknüpft werden. Beispielsweise speichert man von Bild zu Bild nur die Unterschiede, wie dies auch beim digitalen Bildtelefon gemacht wird. Näher soll hier nicht auf dieses sehr komplexe Thema eingegangen werden.

Erwähnt werden sollen aber noch die Videoeffekte, die zur Verfügung gestellt werden.

- **Cuts** (Schnitte). Als Cuts bezeichnet man das plötzliche Wechseln von einem Bild zu einem anderen.
- **Sub-screens** nennt man die Aufteilung des Bildschirms in verschiedene Bereiche. Jeder Bereich wird völlig unabhängig von den anderen benutzt.
- **Scrolling** ist ein schon mit den fürchterlichsten Worten übersetzter Fachbegriff. Bleiben wir lieber beim Original. Man stellt sich den Bildschirm als eine Lupe über einem Bild oder Text vor. Das verschieben der Lupe, also des sichtbaren Ausschnitts, ist das "Scrollen".
- **Mosaic Effects** sind nichts anderes als das Vergröbern des Rasters, was zu einem immer unschärfer werdenen Bild führt. An einer geeigneten Stelle macht man einen Cut und der Effekt ist fertig. Natürlich gibt es auch den umgekehrten Effekt der Verfeinerung des Rasters, den man zum Beispiel nach dem Cut anwenden kann.
- **Fading** ist das langsame Ausblenden durch Verringerung der Leuchtkraft und wird in erster Linie beim Schnitt verwendet.
- **Transparency** Transparenz wird zur Kombination von zwei Bildern verwendet. Eins bildet den Vordergrund, dessen Inhalt über das andere gelegt wird. Diese Methode wird beim Fernsehen schon seit Jahren in Form der Blue-Screens verwendet.

- **Mattes** bezeichnen frei definierbare Bildbereiche, die transparent sind, unabhängig von irgendwelchen Farben.
- **Transparent Pixels** jeder Bildpunkt kann individuell durchsichtig sein. In Kombination mit der Intensität läßt sich dadurch weich von einem Bild ins andere blenden.
- **Wipes** (wischen) ist eine weitere Möglichkeit, von einem Bild zum anderen zu wechseln. Dabei wird der Bildausschnitt des vorderen in beliebiger Form immer kleiner, bis schließlich nur noch das andere Bild zu sehen ist.

7.3 DVI

DVI (Digital Video-Interactive), digitales interaktives Video ist ein anderer Ansatz als CD-I. Entwickelt am David Sarnoff Research Center in Zusammenarbeit mit den Firmen RCA und GE, basiert diese Technologie derzeit auch auf CD-ROM, ist aber nicht notwendigerweise darauf beschränkt. Während CD-I neben den Formaten auf der CD-ROM auch

Bild 7.1. Die DVI-Technologie

Bild 7.2. Das Palenque-Demo

Prozessorfamilie und Betriebssystem des angeschlossenen Computers festlegt, wird bei DVI auf der Hardwareseite nur ein Chip-Set, ein Satz speziell entwickelter Bausteine, definiert. Dieser Chip-Satz, hergestellt in VLSI-Technik (Very Large Scale Integration), besteht aus zwei Graphikprozessoren. Der erste, VDP1 oder Pixel-Prozessor genannt, ist mit seiner Rechenleistung von 12,5 MIPS (Million Instructions Per Second) verantwortlich für die Bewegtbilddarstellung. Er übernimmt die Dekompression der Videobilder und stellt eine Reihe von Graphikbefehlen zur Verfügung, mit denen schnelle, realistische 3D-Graphiken möglich werden. Der zweite Chip, als VDP2 bzw. Display-Prozessor bekannt, ermöglicht die flexible Anzeige der errechneten Videobilder, kompatibel zu den herrschenden Fernsehnormen. Dabei kann ein Farbtiefe zwischen 8 und 24 Bit bei einer Auflösung bis zu 512 x 1024 Pixeln gewählt werden. Dies ermöglicht volle Fernsehqualität. Dank einer Bildkompression mit dem Faktor 120:1 und einer Soundkompression von 10:1 lassen sich so bis zu 72 Minuten Bewegtbild und Ton auf einer CD-ROM unterbringen. Für

Bild 7.3. Der Flugsimulator

jeden der 30 Frames, die pro Sekunde verarbeitet werden, stehen 5 KByte
zur Verfügung. 90 % werden für Video verwendet, 10 % für den Ton. Die
Dekompression der Bilddaten erfolgt in Realtime durch den Pixel-Prozessor.
Die Kompression wird bei der Datenaufbereitung von großen Rechnern
vorgenommen, was einige Sekunden je Bild an Rechenzeit benötigt. Für
Standbilder sind auch erheblich geringere Kompressionen vorhanden, so
daß auch hochgenaue Bilder erzeugt werden können.

DVI zielt mit seiner Unabhängigkeit vom Zielrechner nicht wie CD-I auf
Stand-alone-Geräte. Dieses wesentlich flexiblere Konzept erlaubt zwar
auch Stand-alones, kann aber auch bei jedem beliebigen anderen Computer
eingesetzt werden. Derzeit existieren Lösungen für den IBM PC-AT. Hier
existieren Einsteckkarten mit dem Chip-Satz, als auch Entwicklungs-
werkzeuge zur Erstellung von DVI-CD-ROMs.

Der eine Teil, das Ausliefersystem, besteht aus den Karten:

- **Video Board**
    - Pixel- und Display-Prozessor,
    - 1 MByte dual-ported RAM, erweiterbar auf 4MByte,
    - Standard RGB-Ausgang,
    - Video-Treiber.
- **Audio Board**
    - 6 MIPS TMS 320C10 Digital Signal Prozessor,
    - 64 KByte RAM,
    - Sample-Rate von 200000 Samples/s,
    - 84 dB Dynamik,
    - Zwei programmierbare Ausgabefilter,
    - Standard Verstärker-Ausgang,
    - Audio-Treiber.
- **Utility Board**
    - gepuffertes CD-ROM-Interface zu einem Sony-Laufwerk,
    - 128 KByte RAM für den AT,
    - Anschluß für zwei Joysticks.

Der andere Teil, das Entwicklungssystem, umfaßt:

- **Video Digitizer**
    - Piggyback (Aufsatz) zum Video Board,
    - verarbeitet NTSC-Video,
    - Superimposing (Einblenden) durch Genlock-Interface,
    - Software-Kontrolle über Farbe, Helligkeit, Kontrast,
    - Daten werden ins Video-RAM geschrieben und stehen sofort
      zur Verfügung.
- **Audio Digitizer**
    - Piggyback zur Audiokarte,
    - zwei Kanäle, programmierbar.
- **System Software**
    - RTX, Realtime-Executive,
    - AVSS, Audio/Video Support System,
    - Graphik Bibliothek,
    - Video Microcode Bibliothek.

- **Authoring Tools**
    - Bearbeitung und Kompression von Standbildern,
    - Bearbeitung und Kompression von Video-Sequenzen,
    - Bearbeitung und Kompression von Audio,
    - Standard "C" Entwicklungsumgebung,
    - Graphikpaket.
- **Service und Unterstützung**
    - Bewegtbildkompression auf weniger als 5 KByte je Frame,
    - Entwickler-Training,
    - Beratung beim Design von Anwendungen.

Zur Demonstration der Leistungsfähigkeit von DVI wurden einige Pilotprojekte durchgeführt. Sie umfassen unter anderem:

- **Flugsimulator**
    - Spitfire aus dem zweiten Weltkrieg, voll 3-D steuerbar,
    - dreidimensionales Terrain mit Gebäuden,
    - Authentische Kontrollinstrumente und Geräusche.
- **Palenque**
    - Entdeckungsreise durch alte Ruinen der Majas in Yucatan, Mexico,
    - 360 Grad Panorama,
    - Hintergrundinformationen in Sprachform.
- **Design und Dekoration**
    - Design und Einrichten beliebiger Räume mit echten Möbeln,
    - verwendet 3-D-Modelle von Möbeln, Photos von Tapeten, Teppichen usw., gedacht für Kaufunterstützung in Möbelhäusern.

Es wird anhand dieser Projekte deutlich , daß die angestrebten Anwendungsgebiete dieselben sind, wie die von CD-I:

- Training und Simulationen,
- Erziehung,
- Unterhaltung,
- Design,
- Point of Sales.

Bild 7.4. Design

Mittlerweile hat der Trendsetter IBM seine volle Unterstützung von DVI
zugesagt. Wer in den nächsten Jahren die Richtung bestimmt ist jedoch
noch nicht zu sagen. Gerade die Ruhe im Apple-Lager trägt dazu bei, Ruhe
vor dem Sturm oder Sprachlosigkeit?

Verzeichnis der Dienstleister

CD-ROM-Laufwerke

Data-Sharing
Joachimstaler Str. 19
1000   Berlin 15
030-88000355

EDIT
Feldbergstr. 38
6100 Darmstadt
06151-82879

Lange & Springer GmbH & Co.
Otto-Suhr-Allee 26/28
1000 Berlin 10
030-340050

LASEC Datenbank Technologien GmbH & Co.
Fasanenstr. 47
1000 Berlin 15
030-8827718/19

Für Macintosh:
Autorisierte Apple-Händler

CD-ROM-Presswerke

CDT Compact Disc Tonträger GmbH
Gustav Meyer-Allee. 25
1000 Berlin 65
030-4635095

Nimbus Records Ltd
Wyastone Leys
Monmouth NP5 3SR
United Kingdom

PDO Philips and Du Pont Optical Company
Klusriede 26
3012 Langenhagen 1
0511-7306331

Sonopress GmbH
Carl-Bertelsmann-Str. 161
4830 Gütersloh
05241-801

CD-ROM-Systemhäuser

B.O.S.
Oberer Erlenbach 9
6445 Alheim
05664-7028

Dataware 2000 GmbH
Garmischer Str. 4-6
8000 München 2089-519960

EPS
Carl-Bertelsmann-Str.161
4830 Gütersloh
05241-80-5415

HAUPT GmbH
Maria-Louisen-Str. 57
2000 Hamburg 60
040-489075

LASEC Datenbank Technologien GmbH & Co.
Fasanenstr. 47
1000 Berlin 15
030-8827718/19

CD-ROM-Vertrieb

Data-Sharing
Joachimstaler Str. 19
1000   Berlin 15
030-88000355

Lange & Springer GmbH & Co.
Otto-Suhr-Allee 26/28
1000 Berlin 10
030-340050

Ostwald Daten Service
Alfredstraße 2
4300 Essen 1
0201-772175

Sonstige Ansprechpartner

CDV CD-ROM Verlag GmbH & Co.KG
Im Grund 11
5210 Troisdorf
022 41-75061

Satz-Rechen-Zentrum Berlin
Lützowstr. 105-106
1000 Berlin 30
030-250 086 50

Glossar

Analog:	Ist das Gegenteil von Digital.
ANSI:	Amerikanisches Normungsinstitut.
Autorensystem:	Softwaresystem mit dem eine Computer-Anwendung erstellt werden kann.
Backup:	Kopie der Originaldaten aus Sicherheitsgründen, möglichst räumlich weit vom Original gelagert.
Betriebssystem:	Die Basissoftware, mit der ein Computer arbeitet. Verbreitet sind Unix, MS-DOS, OS-9, und Macintosh-OS.
Bit:	Kleinste Informationseinheit. Ein Bit hat genau zwei mögliche Zustände, High oder Low, oder als Zahl ausgedrückt Null und Eins.
Bildplatte:	Optischer Speicher, digital/analoge Mischform, eingesetzt für Bildspeicherung und Spielfilme.
Booten:	Startsequenz eines Computers. Ein im ROM befindliches Minimalprogramm lädt das Betriebssystem und führt es aus.

Byte: Üblichste Einheit zur Bezeichnung von Speicherkapazitäten. Ein Byte besteht aus acht Bit und kann 256 verschiedene Zustände annehmen. Im Normalfall repräsentiert ein Byte einen Buchstaben.

CAD: Computer Aided Design, Konstruktion mit Unterstützung durch Computer

CAV: Constant Angular Velocity - konstante Geschwindigkeit eines sich drehenden Mediums, unabhängig von der Position des Lesekopfes.

Channel Bits: Die Interpretation der Lands und Pits der CD-ROM.

CD-DA: Compact Disc - Digital Audio, entspricht der weit verbreiteten Audio-CD, wie sie im Musikbereich verwendet wird.

CD-I: Compact Disc - Interactive, eine von Sony und Philips geschaffene Spezifikation für interaktive CD-ROMs, beschrieben im sogenannten "Green Book".

CD-ROM: Compact Disc - Read Only Memory, eine von Sony und Philips geschaffene Spezifikation für die Verwendung von CDs für Computerdaten, beschrieben im sogenannten "Yellow Book".

CIRC: Cross Interleaved Reed-Solomon Code, ein Fehlerkorrekturverfahren, entwickelt von den Herren Reed und Solomon.

CLUT: Colour Look Up Table, eine Tabelle, in der alle in einem Bild verwendeten Farben definiert sind.

CLV: Constant Linear Velocity, konstante
                        Geschwindigkeit eines sich drehenden
                        Mediums unter dem Lesekopf, abhängig von
                        der Position des selben.

Compiler: Programm, daß Quelltext in ausführbare
                        Programme übersetzt.

Digital: Gegenteil von analog. Information wird in die
                        Zustände Null und Eins kodiert.

Diskette: Üblicher Datenträger. Besteht auf einer
                        magnetischen Folie umschlossen von einer
                        Schutzhülle.

DRAW: Direct Read After Write, andere Bezeichnung
                        für WORM.

DV-I: Digital Video - Interactive, eine am David
                        Sarnoff Institut erarbeitete Technologie zur
                        Nutzung von optischen Speichern für
                        interaktive, multimediale Anwendungen.

EDC/ECC: Error Detection Code/Error Correction Code,
                        ein Fehlererkennungs- und korrekturverfahren.

EFM: Eight-to-fourteen-Modulation. Modulation von
                        Channelbits zu Datenbits.

Erasable Optical Disk: Löschbarer optischer Speicher.

Festplatte: Weitverbreiter Datenträger. Mehrere
                        Magnetplatten sind fest übereinander montiert.
                        Ein Lesekopf fliegt in geringer Abstand über
                        die Oberfläche.

Filesystem:	Bestandteil des Betriebssystem. Es legt fest, wie Daten auf einem Massenspeicher abgelegt werden.
Floppy:	Anderes Wort für Diskette.
Floptical:	Neues Speichermedium, das mit der Diskette verwandt ist. Im Unterschied zur Diskette funktioniert die Spurerkennung (Tracking) optisch.
Harddisk:	Anderes Wort für Festplatte.
Hardware:	Als Hardware bezeichnet man alle Komponenten einer Computers, d.h. die Chips, Bauteile, alles was physisch existiert.
High Sierra:	Bezeichnung für ein Aufzeichnungsformat von CD-ROMs, das einen Quasi-Standard darstellt.
Hypertext:	Intelligent verknüpfter Text mit Verbindungen zwischen logisch ähnlichen Textstellen.
Index:	Sortierte Liste mit Verweisen auf Daten.
Interaktivität:	Dialog zwischen Computer und Benutzer.
Interleaving:	Verschachtelung logisch zusammengehörender Daten auf Massenspeichern, um die Zugriffszeit zu optimieren.
Interpolation:	Das Errechnen eines Punktes, Wertes oder Zustandes anhand benachbarter Punkte.
Interpreter:	Ein Interpreter liest zur Laufzeit in Hochsprache geschriebene Programme und führt die dort enthalten Befehle aus, in dem er sie in Maschinen-Code umsetzt.

ISO 9660:	Der Standard für das Aufzeichnungsformat von CD-ROMs.
Juke Box:	Musikbox, existieren im Computerbereich auch für WORMs und CD-ROMs. Sie nehmen mehrere CDs auf, die per Computer ins Abspielgerät gelegt werden.
Macintosh:	Computer-Familie der amerikanischen Firma Apple, die sich durch leichte Bedienbarkeit auszeichnet.
Land:	Die Oberfläche der CD-ROM.
Mastering:	Erzeugung des Preßstempels für die CDs.
Merge Bit:	Redundante Bits auf der CD-ROM, die die Synchronisierung sicherstellen.
Microcode:	Programmteile die in Mikroprozessoren fest verdrahtet sind
Mikrofiche:	Fotographische Plastikfolien, auf denen sich miniaturisierte Bilder befinden, die unter einem Sichtgerät betrachtet werden können.
MTBF:	Mean Time Between Failures, d.h.die mittlere durchschnittliche Zeit zwischen zwei Fehlern.
Multimedia:	Verküpfung verschiedener Medien wie Text, Bild oder Ton.
NTSC:	Amerikanische Fernsehnorm, das Gegenstück zum deutschen PAL.
OCR:	Optical Character Recognition, Optische Zeichenerkennung.

OS-9:	Betriebssystem auf Basis der 68000-Familie von Motorola.
PAL:	Deutsche Fernsehnorm, Gegenstück zu NTSC.
Palette:	Tabelle, die alle in einem Bild verwendeten Farben beinhaltet.
PC:	Personal Computer, zu übersetzen "persönlicher Computer".
PCM:	Pulse Code Modulation, Modulationsverfahren für Audiosignale, d.h. Musik, Sprache, oder Töne.
Peripherie:	Zusatzgeräte, die man an den Computer anschließen kann, wie Festplatten, Drucker, Scanner.
Pit:	Vertiefung auf der CD-Oberfläche.
Pixel:	Einzelner Bildpunkt auf dem Bildschirm.
POI:	Point of Information.
POS:	Point of Sales. Der Punkt , an dem verkauft wird, also z.B. ein Kaufhaus.
Premastering:	Vorbereiten der Daten zum Master, inklusive Erzeugen von Fehlerkorrektur-Codes.
Prozessor:	Ein programmierbarer Chip, der die Programme ausführt.
Publisher:	Gerät zur Simulation von CD-ROMs und Bandgerät zum Schreiben der ANSI- Bänder.

RAM: Random Access Memory. Ein schneller
                        Datenspeicher dessen Daten nur unter Strom
                        gespeichert bleiben, und der sowohl gelesen als
                        auch beschreiben werden kann.

Realtime: Echtzeitverhalten von Software.

Reed-Solomon: Andere Bezeichnung für CIRC.

Retrieval: Software für das Suchen von Informationen.
                        Gehört in den Bereich Datenbanken.

ROM: Read Only Memory. Ein Datenspeicher, dessen
                        Inhalt bei der Produktion festgelegt wird und
                        dann nicht mehr geändert werden kann.

Runtime: Laufzeit, das heißt die Zeit , in der das
                        Programm auf dem Computer läuft.

Scanner: Gerät zum Einlesen von Bildern in den
                        Computer.

SCSI: Schnittstelle für Peripheriegeräte (Scanner,
                        Festplatten) im Computerbereich.

SECAM: Fernsehnorm die hauptsächlich in Frankreich
                        und den osteuropäischen Ländern verwendet
                        wird.

Sektor: Logische Einheit von Daten mit konstanter
                        Größe.

Software: Nicht physisch vorhandene Dinge. Als Software
                        bezeichnet man Daten, Programme, Videofilme,
                        usw.

Sound Digitizer: Gerät um Töne, Sprache und Musik in den
                        Computer einzulesen.

Stack:	HyperCard-Programm
Tools:	Werkzeuge, z.B. Hilfsprogramme.
Track:	Einzelne Spur auf einem Datenspeicher, bei CDs auch ein Musikstück.
Treiber:	Software, die ein spezielles Peripherie-Gerät steuert.
U-Matic:	Videosystem, das im professionellen Fersehbereich eingesetzt wird.
Videoplayer:	Videorekorder ohne Aufzeichnungsfunktion.
Virtueller Speicher:	Massenspeicher, der als RAM-Speicher eingesetzt wird.
Wechselplatte:	Ein mit der Festplatte verwandter Massenspeicher, dessen Platten auswechselbar sind.
WORM:	Write Once Read Many, ein einmal beschreibbarer Massenspeicher. Jeder Datenblock kann einzeln geschreiben werden, die Daten werden dann physisch in eine Glasscheibe eingebrannt, und können dann beliebig oft gelesen werden.

Quellennachweis

Literatur

Working Paper for a Standard CDROM Volume and File Structure
Working Paper of the Ad Hoc Advisory Committee
28 May 1986

ISO 9660
Information processing - Volume and file structure of CD-ROM for
information interchange
International Organization for Standardization, 1988 (E)

AppleCD SC™ Developers Guide, Revised Edition
APDA, Apple Computer Inc, 1989
20525 Mariani Avenue
Cupertino, CA 95014-6299
U.S.A.

Apple und Multimedia, 1988
Apple Computer GmbH
Ingolstädter Straße 20
8000 München 45

Buddine, L; Young, E.: The Brady Guide to CD-ROM,
New York: Prentice Hall Press

U. Schwerhoff, P. Schüler: Elektronisches Publizieren mit CD-ROM
und CD-I, Scientific Consulting, Dr. Schulte-Hillen
Essen: Klaes, 1988

CD-I: A Designer's Overview
Edited by J.M. Preston of Philips International
Kluwer Technical Books
Deventer - Antwerpen
Niederlande

Lasecletter 3/88, 1/89
Lasec GmbH
Fasanenstr. 47
1000 Berlin 15

Computer Graphics World 8/89
P.O Box 21638
Tulsa, OK 74101-9980
U.S.A.

An overview of CD-I
Philips International B.V
PO Box 218
5600 MD Eindhoven
Niederlande

Digital Video Interactive Technology
Regis McKenna Inc.
One Main St.
Cambridge, MA 02142
U.S.A

Interactivities, Vol.1
Paula Zimmermann
David Sarnoff Research Center
Princeton, NJ 08540
U.S.A.

An Introduction To CD-ROM XA
Philips, Microsoft, Sony
First Release, March 1989

CD-ROM EndUser
DDRI, Inc.
6609 Rosecroft Place, Falls Church
Virginia 22043-1828
U.S.A.

APA-Guides
APA Publications
P.O. Box 219
Orchard Point Post Office
Singapore 9123

Bachmann, E: CD-ROM-Technologie im Aufbruch. 1989

UK CD-ROM market
In: CD-ROM International, No. 8, 1988

White, M.S.:The Market for CD-ROM and CD-I Products and Services
in USA and Europe
In: Proceedings of the 12 th Internaional Online Information Meeting,
London 1988.

The European Market for Optical Disk Drives and Media
In: Optical Data Systems, March 1989

Teknifuture surveys, the offer and the market
In: CD-ROM International, November 1988.

Market data
In: CD-ROM International, May 1988.

Faber, L.F.: CD-ROM-Realität und Zukunft
In: 10. Frühjahrtagungder Online-Benutzergruppe der DGD
Frankfurt 1988

Lange, Klaus: CD-ROM vor dem take-off? Beobachtungen zur
Marktentwicklung in den USA
In: Cogito, Nr. 2. 1989.

Neue Medien. Tendenzen, Märkte, Entwicklungen
In: Studie der Deutschen Gesellschaft für Mittelstandsberatung, 1989

DOCMX Final Report
Electronic Image Banks, 1988

Produkte

Spix-Engine, OptiSearch, Archive One
Lasec GmbH
Fasanenstr. 47
1000 Berlin 15

IBM PC
International Business Machines Corporation
P.O Box 1328-S
Boca Raton
Florida 33432
U.S.A.

MS-DOS
Microsoft Corporation
16011 NE 36th Way
Box 97017
Redmond, WA 98073-9717
U.S.A.

DVI-Systems
David Sarnoff Research Center
Princeton, NJ 08540
U.S.A.

Macintosh, HyperCard, MacPaint
Apple Computer, Inc.
20525 Mariani Avenue
Cupertino, California 95014
U.S.A.

Apple Computer Deutschland GmbH
Ingolstädter Str. 20
8000 München 45

HyperWindows
Tulip Software
U.S.A.

MacRecorder, Soundedit
Farallon computing
2150 Kittredge Street
Berkley,CA
U.S.A. 94704

Insite Peripherals, California
Distributor: microtronics Trade Service
Bettendorfstr. 36
5173 Siersdorf

Studio/8
Electronic Arts
1820 Gateway Dr.
San Mateo, CA 94404
U.S.A.

Plus
Format Software GmbH
Widdersdorfer Str. 236-240
5000 Köln 30

SuperCard, SuperPaint
Silicon Beach Software
P.O. Box 261430
San Diego, CA 92126
U.S.A.

VideoWorks, Director
Macromind, Inc
410 Townsend
Ste. 408
San Francisco, CA 94107
U.S.A.

Hyperanimator
Bright Star Technology, Inc.
14450 NE 29th, Suite 220
Bellevue, WA 98007
U.S.A.

Cirrus
Softhansa
Flensburger Str. 5
1000 Berlin 21

CD Publisher, CD Master
Meridian Data
5615 Scotts Valley, CA 95066
U.S.A.

L. Kredel (Hrsg.)

Computergestütztes Publizieren im praktischen Einsatz

Erfahrungen und Perspektiven

1988. VIII, 225 S. 87 Abb. Brosch. DM 78,–
ISBN 3-540-19339-1

Der Band enthält die wichtigsten Beiträge, die auf dem Anwender-Workshop anläßlich der BIG-TECH Ende 1987 in Berlin gehalten wurden. Er gibt den „State of the Art" des professionellen, computergestützten Publizierens (Computer Aided Publishing: CAP) innerhalb des breiten Spektrums von CAP-Software wieder, bis hin zu den Problemen der integrierten Dokumentations- und Publikationsanwendungen.

U. Pape (Hrsg.)

Desktop Publishing

Anwendungen, Erfahrungen, Prognosen

1988. VII, 134 S. 37 Abb. Brosch. DM 58,–
ISBN 3-540-19453-3

Experten berichten in diesem Buch über den Einsatz von Desktop-Publishing-Systemen. Im Vordergrund stehen dabei Aspekte der Software sowie Anwendungen im graphischen Gewerbe, im CAD-Bereich, in der öffentlichen Verwaltung sowie in Klein- und Mittelbetrieben. Das Buch ist eine wertvolle Hilfe für alle, die den Einsatz eines DTP-Systems planen und Trends in ihre Entscheidung einbeziehen wollen.

Springer-Verlag Berlin
Heidelberg New York London
Paris Tokyo Hong Kong

Springer